Łukasz Pasoń

Jednostkowe procesy chemiczne stosowane podczas produkcji leków

Łukasz Pasoń

Jednostkowe procesy chemiczne stosowane podczas produkcji leków

Praca przeglądowa z zakresu chemii leków

Wydawnictwo Bezkresy Wiedzy

Impressum / Imprint
Bibliografische Information der Deutschen Nationalbibliothek: Die Deutsche Nationalbibliothek verzeichnet diese Publikation in der Deutschen Nationalbibliografie; detaillierte bibliografische Daten sind im Internet über http://dnb.d-nb.de abrufbar.

Informacja bibliograficzna Niemieckiej Biblioteki Narodowej: Niemiecka Biblioteka Narodowa rejestruje tę publikację w Niemieckiej Bibliografii Narodowej; szczegółowe informacje bibliograficzne dostępne są w Internecie na stronie http://dnb.d-nb.de.

Coverbild / Okładka: www.ingimage.com

Verlag / Wydawnictwo:
Wydawnictwo Bezkresy Wiedzy
ist ein Imprint der / jest znakiem handlowym
OmniScriptum GmbH & Co. KG
Heinrich-Böcking-Str. 6-8, 66121 Saarbrücken, Deutschland / Niemcy
Email: info@bezkresywiedzy.com

Herstellung: siehe letzte Seite /
Druk: patrz ostatnia strona
ISBN: 978-3-639-89009-9

SPIS TREŚCI

1. Wstęp

Już od niepamiętnych czasów ludzie poszukiwali substancji leczniczych w celu leczenia trapiących ich chorób. Pierwsze wzmianki o stosowaniu leków sięgają ok. 5100 lat przed naszą erą. Były to zapiski w księdze ziół dokonane przez chińskiego cesarza Shen Nunga. Dotyczyły one dwóch roślin leczniczych, a mianowicie *Dichroa febrifuga*, zawierającej pewne alkaloidy, które są do dziś stosowane w leczeniu malarii, oraz *Ephedra sinica*, stosowana w tamtych czasach do m.in. pobudzenia akcji serca i jak się okazało zawiera ona efedrynę [1].

W siedemnastym wieku do Europy sprowadzono korę drzewa chinowca. Surowiec ten służył do produkcji jednego z najsłynniejszych leków pochodzenia roślinnego, czyli chininy. W dziewiętnastym wieku dopiero wyizolowano i zidentyfikowano chininę jako aktywny składnik wyciągu z kory chinowca [2].

Jak można zauważyć, początkowo ludzie czerpali z zasobów natury poszukując ziół czy minerałów o właściwościach leczniczych. Wykorzystywano też fragmenty ciał zwierząt, choć z dużo mniejszym lub żadnym skutkiem. Niestety w krajach takich jak np. Chiny dziś też używa się szczątków zwierzęcych, często pochodzących od gatunków będących na skraju wyginięcia, przyczyniając się tym samym do ich eksterminacji. Miejmy nadzieję, że nowoczesna medycyna szybko wyeliminuje tę patologię.

Dodać należy, że nie tylko ludzie poszukują leków. W królestwie zwierząt też odkryto przypadki świadomego stosowania pewnych substancji. Wymienić tu można papugi z lasów Amazonii, które spożywają glinę z nadrzecznych skarp, by zneutralizować toksyny z jedzonych przez nie nasion lub pewne gatunki roślinożernych małp, spożywające świadomie węgiel drzewny [3].

Dziś, mając do dyspozycji jednostkowe operacje chemiczne, możemy niemal dowolnie modyfikować naturalne substancje, tworząc wiele potencjalnych leków. Możemy nawet całkowicie uniezależnić się od natury i syntetyzować substancje zupełnie nowe, niespotykane w naturze (lub przynajmniej jeszcze nie odkryte).

2. Wiadomości ogólne o lekach

Czym jest lek? Lek według definicji to każda substancja naturalna lub syntetyczna wprowadzana do organizmu w celu osiągnięcia takiego czy innego efektu terapeutycznego. Lekiem może być pojedynczy związek chemiczny lub, co najczęściej się zdarza, kilka czy kilkanaście substancji wchodzących w skład jednego leku [4]. Przykładem może być tutaj doksycyklina, antybiotyk z grupy tetracyklin, produkowany w postaci kapsułek. Substancją czynną jest chlorowodorek doksycykliny. Pozostałe substancje: laktoza, kwas alginowy, stearynian magnezu, laurylosiarczan sodu, skrobia kukurydziana to substancje pomocnicze.

Lek w organizmie musi dotrzeć do miejsca działania, które nazwano receptorem [5]. Receptory to najczęściej integralne białka transbłonowe osadzone w błonie komórkowej. Receptorem może też być DNA. Receptory białkowe można podzielić na katalityczne czyli enzymy i niekatalityczne. W przypadku enzymów lek może działać na zasadzie inhibitora kompetycyjnego lub niekompetycyjnego [6]. W przypadku receptora niekatalitycznego, receptorem takim może być białko transbłonowe odpowiedzialne za wychwytywanie cząstek sygnałowych i transdukcję takiego sygnału, czy np. represor jakiegoś genu, który to gen w ten sposób możemy odblokować. Oczywiście możliwy też jest scenariusz odwrotny, gdzie receptorem ma być inhibitor takiego represora. Uzyskać możemy wtedy wygaszenie ekspresji takiego genu [7].

Lek z receptorem tworzy kompleks, który to kompleks jest źródłem biologicznej aktywności leku :

$$lek + receptor \leftrightarrow kompleks\ lek - receptor \quad [8]$$

Trwałość tego kompleksu jest różna, wiąże się z powinowactwem leku do receptora i można ją opisać za pomocą stałej dysocjacji:

$$K_D = \frac{[lek][receptor]}{[kompleks\ lek{-}receptor]} \quad [8]$$

Wniosek z tego równania jest taki, że im mniejsza wartość stałej dysocjacji, tym większe powinowactwo leku do receptora.

Siła działania danego leku jest często opisywana parametrem EC_{50}. Parametr ten określa takie stężenie leku, które wywołuje 50% maksymalnego efektu farmakologicznego. W praktyce siłę działania leku opisuje się wyznaczając ujemny logarytm z wartości EC_{50}.

$$pD_2 = EC_{50} \quad [5]$$

Zazwyczaj oddziaływania pomiędzy lekiem i receptorem są słabymi oddziaływaniami niekowalencyjnymi. Należy tu wymienić:

- oddziaływania jonowe

- oddziaływania jon - dipol i dipol – dipol

- wiązania wodorowe

- oddziaływania hydrofobowe

- siły Van der Waalsa

Należy jednak sądzić, że tworzenie się kompleksu lek – receptor jest uwarunkowane współdziałaniem kilku z tych słabych oddziaływań, co w ostateczności prowadzi do selektywnego wiązania leku z receptorem.

Czasem wskazane byłoby silne, czy nawet nieodwracalne wiązanie się leku ze swoim receptorem. Wydłużyłoby to znacznie czas jego działania, co jest istotne np. w wypadku chemoterapeutyków stosowanych w leczeniu nowotworów. W tym przypadku kowalencyjne wiązanie byłoby najbardziej pożądane.

Nie bez znaczenia jest też chiralność leku. Receptory są najczęściej białkami, a białka, jak wiadomo są złożone z aminokwasów, które są cząsteczkami chiralnymi. Stąd też można słusznie wnioskować, że leki powinny być wysoce stereoselektywne. Przykładem może być deksochlorofeniramina, lek przeciwhistaminowy. Jego izomer S(+) jest mniej więcej 200 razy bardziej aktywny niż izomer R(–). Biorąc pod uwagę tę właściwość wprowadzono nazewnictwo takich izomerów:

eutomer – bardziej aktywny izomer

distomer – mniej aktywny izomer [8]

Izomery danego związku chemicznego mogą się charakteryzować różnym działaniem terapeutycznym. Lek o nazwie Davron jest lekiem przeciwbólowym, a jego enancjomer o nazwie Novrad jest lekiem przeciwkaszlowym. Powoduje to, że izomery takie stosowane są jako osobne leki:

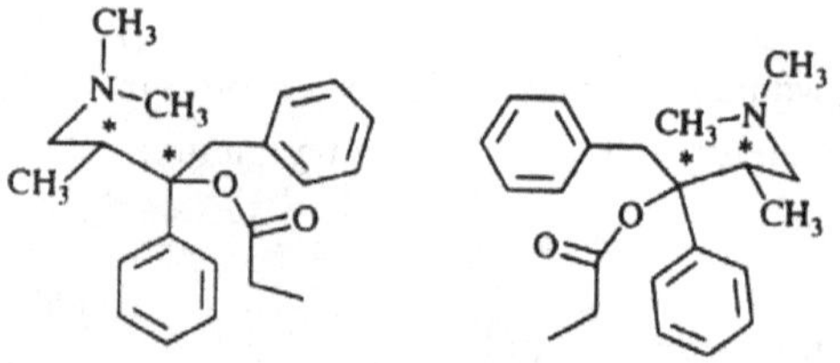

Davron (po lewej), Novrad (po prawej) [8]

3. Poszukiwanie struktury wiodącej

Najważniejszym problemem w projektowaniu leków jest właśnie znalezienie struktury wiodącej na bazie której można syntetyzować związki o potencjalnej aktywności leczniczej [8]. Można to robić na kilka sposobów:

- **Badania przesiewowe** – polegają na tym, że wszystkie związki będące w zakresie naszego zainteresowania poddawane są badaniom w układach biologicznych. Należy tu wymienić przykład sulfonamidów, które zostały odkryte w 1935 roku. Następnie ich działanie było testowane na zwierzętach laboratoryjnych, gdyż to one właśnie najczęściej są tymi wymienionymi wcześniej „układami biologicznymi". Obecnie coraz częściej do badań aktywności leku stosuje się też testy komórkowe i enzymatyczne [5]. Kiedyś stosowanie badań przesiewowych było powszechne, dziś powoli się od nich odchodzi na rzecz bardziej racjonalnych ekonomicznie metod. Są one jednak ciągle bardzo ważne w odkrywaniu nowych leków, czy też struktur wiodących o nietypowej budowie.

Pod lupą badaczy są, można powiedzieć, dwie główne grupy związków: pochodzenia naturalnego oraz syntetyczne. Wiele nowych związków pochodzenia naturalnego możemy zawdzięczać rafom koralowym i lasom deszczowym, tak niszczonym w ostatnim czasie [4]. Ciekawym przykładem badań przesiewowych stosowanych na szeroką skalę są badania prowadzone w latach osiemdziesiątych ubiegłego wieku w Stanach Zjednoczonych w kierunku poszukiwania związków o aktywności przeciwnowotworowej w ramach ogłoszonej tam przez Kongres Amerykański „Walki z rakiem". Poddano wówczas badaniom wiele substancji syntetycznych i naturalnych, a obiektem testowym były myszy.

W latach czterdziestych i pięćdziesiątych ubiegłego wieku wiele firm farmaceutycznych w poszukiwaniu nowych substancji aktywnych przeciwko drobnoustrojom prowadziło badania przesiewowe próbek gleby. Odkryto wtedy wiele ciekawych związków, wśród których należałoby wymienić tetracykliny i streptomycynę produkowane przez promieniowce z rodzaju *Streptomyces* sp. [8]

- **Badania nieprzesiewowe** – różnią się od poprzednich tym, że ilość związków poddanych badaniom jest ograniczona. Można powiedzieć, że dokonuje się wstępnej selekcji substancji na podstawie spodziewanych właściwości farmakologicznych.

- **Badanie metabolizmu leków** – badania takie prowadzi się między innymi w celu wyizolowania metabolitów danej substancji, czyli związków powstałych w organizmie po przetworzeniu przezeń tejże substancji. Czasem bywa tak, że dana substancja nie jest aktywna, a dopiero jej metabolity wykazują aktywność leczniczą. Lek przeciwzapalny o nazwie sulindak nie jest aktywny i do uzyskania aktywności musi zostać zredukowany wewnątrz organizmu [8]. Innym przykładem tego typu może być metronidazol, antybiotyk działający też na niektóre pierwotniaki. Do pełnej aktywności metronidazol wymaga zredukowania grupy nitrowej, a odbywa się to przy niskim potencjale redox, stąd też wywiera on działanie przede wszystkim na drobnoustroje beztlenowe [9].

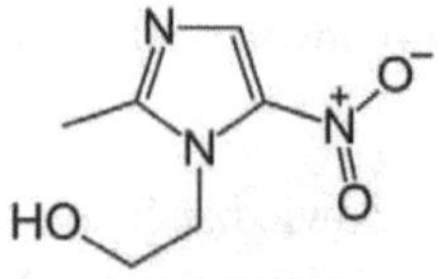

Metronidazol [10]

- **Obserwacje kliniczne** – bywa tak, że lek działający na np. myszy, nie wykazuje wystarczającego działania w wypadku ludzi. Potrzebne są więc badania kliniczne, podczas których można też wykryć aktywność danego leku również w innych, czasem niepożądanych kierunkach. Może to być przyczyną wielu działań niepożądanych mogących wykluczyć daną substancję. Związek o działaniu przeciwbakteryjnym, karbutamid ($R = -NH_2$) wykazywał takie działania niepożądane, a mianowicie obniżał poziom cukru we krwi. Nie można go było jednak stosować w przypadku cukrzycy z uwagi właśnie na działanie przeciwbakteryjne. Posłużył on jednak do zaprojektowania tolbutamidu. Tolbutamid zachował zdolność obniżania poziomu cukru we krwi, ale stracił aktywność przeciwbakteryjną ($R = -CH_3$).

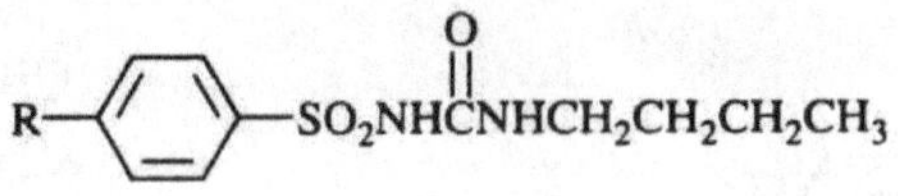

Karbutamid ($R = -NH_2$), tolbutamid ($R = -CH_3$) [8]

- **Racjonalne poszukiwanie struktury wiodącej** - obecnie racjonalizacja w projektowaniu leków jest zasadniczym aspektem przy odkrywaniu struktur wiodących. Podstawowym krokiem w takim postępowaniu powinno być określenie przyczyny danej choroby. Wiele chorób wynika przede wszystkim z zaburzenia równowagi organizmu, nieprawidłowego wzrostu komórek czy ataku innych organizmów.

Gdy już określimy przyczyny danego stanu chorobowego, wtedy struktura wiodąca staje się naturalnym agonistą lub antagonistą receptora docelowego. Naukowcy firmy Meck, znając strukturę serotoniny, która jest mediatorem stanu zapalnego, mogli zaprojektować lek o działaniu przeciwzapalnym o nazwie indometacyna. W tym wypadku serotonina była strukturą wiodącą do dalszych badań.

Oddziaływanie między lekiem, a receptorem jest bardzo specyficzne, lecz tylko pewna część cząsteczki może brać udział w tym procesie. Część cząsteczki istotna dla takiego oddziaływania i odpowiedzialna za działanie farmakologiczne leku nazywana jest farmakoforem. Farmakoforami będą też nazywane poszczególne grupy funkcyjne cząsteczki leku wchodzące w interakcję z receptorem. Aby zidentyfikować ten fragment cząsteczki można zastosować metodę eliminacji kolejnych jej fragmentów i każdy powstały w ten sposób związek badać w kierunku jego aktywności. Upraszczając w ten sposób strukturę morfiny ($R = R' = -H$), kodeiny ($R = -CH_3$, $R' = -H$) i heroiny ($R = R' = -COCH_3$) można otrzymać wiele ciekawych substancji o właściwościach przeciwbólowych, między innymi meperydynę, czyli znany wszystkim Demerol:

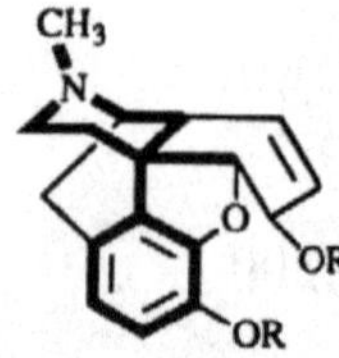

Morfina ($R = R' = -H$),

Kodeina ($R = -CH_3$, $R' = -H$),

Heroina ($R = R' = -COCH_3$) [8]

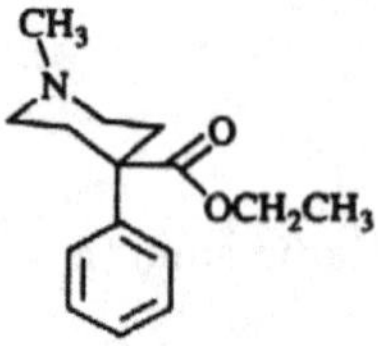

Demerol [8]

4. Zależność między budową leku i jego działaniem

Ogólnie rzecz biorąc leki można podzielić na strukturalnie specyficzne i niespecyficzne względem receptora. Leki strukturalnie specyficzne, do których możemy zaliczyć większość leków, to te, które działają na konkretne miejsca w organizmie. Ich aktywność, jak również siła działania, są bardzo wrażliwe na niewielkie nawet zmiany w budowie cząsteczki. Leki strukturalnie niespecyficzne nie działają na specyficzne miejsca i mają zazwyczaj mniejszą siłę działania niż poprzednia grupa. Związki tego typu, choć mają podobne działanie biologiczne, mogą należeć do zupełnie różnych grup chemicznych. Jako przykład można przytoczyć w tym miejscu leki nasenne, takie jak pochodne kwasu barbiturowego i np. pochodne benzodiazepiny, a ze starszych można wymienić wodzian chloralu (produkt uwodnienia aldehydu trichlorooctowego).

Początkowo badania nad zależnością między aktywnością leku, a jego strukturą polegały na syntetyzowaniu maksymalnej liczby związków wywodzących się z danej struktury wiodącej [4]. Następnie badano każdy z nich pod kątem aktywności i siły działania. Wyniki takich eksperymentów były podstawą do wyznaczenia tejże zależności.

Zmierzając do racjonalizacji takich badań można wykorzystać tzw. szereg homologiczny. Właściwości farmakologiczne związków z danego szeregu homologicznego wykazują pewną prawidłowość rosnącą lub malejącą. W dużej liczbie związków chemicznych wydłużanie nasyconego łańcucha bocznego do pewnego momentu zwiększa ich siłę działania, natomiast dalsze wydłużanie powoduje jej spadek, czasem nawet gwałtowny. Jest to spowodowane tym, że wydłużanie łańcucha zwiększa liofilowość cząsteczki, co pozwala na lepsze przenikanie przez błony biologiczne. Dzieje się to jednak kosztem rozpuszczalności w wodzie. Richardson jako jeden z pierwszych opisał wpływ długości łańcuch na aktywność związków. Badał on właściwości nasenne alkoholi. Odkrył, że największą siłę działania mają alkohole od 1-heksanolu do 1-oktanolu. Alkohole wyższe stopniowo tracą tę właściwość:

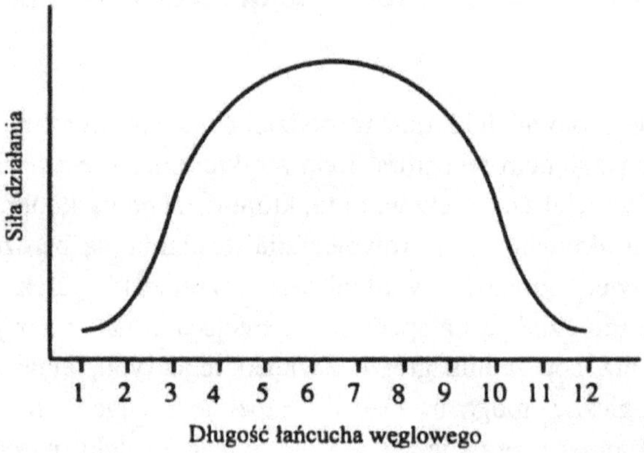

Wypływ długości łańcucha bocznego na siłę działania leku [8]

Rozgałęzianie łańcuchów bocznych cząsteczek jako modyfikacja cząsteczki związku zazwyczaj ma ujemny wpływ na aktywność farmakologiczną. Najprawdopodobniej przeszkadza ono w wiązaniu z docelowym receptorem. Przykładem może być tu lek przeciwmalaryczny o nazwie primachina, który będąc aminą pierwszorzędową, jest o wiele aktywniejszy niż jego homologi o budowie amin drugo i trzeciorzędowych [8].

Przy projektowaniu cząsteczki leku bardzo przydatne okazuje się zjawisko bioizosteryzmu, czy ogólniej, izosteryzmu. Izostery są to podstawniki lub grupy wykazujące podobieństwo we właściwościach fizycznych i chemicznych [10]. Można to wykorzystać w praktyce skutecznie obniżając np. toksyczność danej substancji. Bioizostery dzieli się na tzw. klasyczne i nieklasyczne. Izostery klasyczne zostały zdefiniowane przez m.in. Erlenmayera jako atomy, grupy atomów, jony lub cząsteczki, które posiadają bardzo zbliżoną, czy wręcz identyczną zewnętrzną warstwę elektronów. Bioizostery nieklasyczne nie wykazują takich podobieństw, lecz mimo to wywołują podobne działanie farmakologiczne [8].

5. Jednostkowe operacje chemiczne

Jednostkowe operacje chemiczne, czyli inaczej jednostkowe procesy chemiczne, definiuje się jako procesy przeprowadzane np. w chemicznym przemyśle organicznym, które charakteryzują się podobnym chemizmem i określają w jaki sposób należy prowadzić na skalę przemysłową określony typ reakcji, dającej w rezultacie konkretny typ powstających związków, np. chlorowcopochodne.

Nazwa danego procesu jednostkowego, jak można się domyślać, wywodzi się od nazwy typu reakcji, którą on obejmuje. Proces taki nie jest bynajmniej ograniczony wyborem surowca, mechanizmu reakcji, czy też konkretnymi parametrami fizykochemicznymi. Wynika to z tego, że dany związek często można uzyskać przeprowadzając reakcje w różnych warunkach [11].

Procesy jednostkowe składają się w sumie na cały proces produkcyjny, obejmujący kilka czy kilkanaście takich jednostkowych procesów chemicznych i fizycznych. Cały proces produkcji danego leku może być prowadzony na drodze syntezy liniowej lub syntezy zbieżnej. Synteza liniowa polega na kolejnym prowadzeniu procesów jednostkowych, gdzie efektem końcowym jest dana substancja lecznicza. Bardziej efektywna synteza zbieżna polega na równoległym otrzymywaniu np. dwóch części leku, a następnie ich połączeniu w jedną całość [5].

Procesy chemiczne można podzielić na trzy główne grupy:

I grupa – są to procesy, które polegają na wprowadzeniu do cząsteczek związków organicznych dodatkowych grup funkcyjnych w wyniku przyłączenia lub podstawienia. W tej grupie należy wymienić: sulfonowanie, nitrowanie, utlenianie, uwodornienie, chlorowcowanie, acylowanie, alkilowanie.

II grupa – są to procesy polegające na przekształceniu istniejących już w cząsteczce grup funkcyjnych na inne. Tutaj należy wymienić: redukcję, diazowanie, estryfikację.

III grupa – są to procesy polegające na gruntownej przemianie budowy chemicznej danego związku. Do tej grupy są zaklasyfikowane: izomeryzacja, piroliza, hydroliza, alkoholiza, kondensacja, sprzęganie, polimeryzacja [11].

5.1. Acylowanie

Acylowanie jest to proces polegający na wprowadzeniu do cząsteczki danego związku organicznego grupy acylowej. Grupa acylowa jest to, jak wiadomo, reszta kwasowa powstała przez usunięcie z cząsteczki tego kwasu grupy $-OH$. Grupa acylowa może być resztą kwasu organicznego, jak i nieorganicznego. W modyfikowanym przez nas związku grupa taka zastępuje atom H połączony z atomem C, O czy N [11]. W przypadku związków aromatycznych, acylowanie jest reakcją elektrofilowego podstawienia w pierścieniu aromatycznym i jednocześnie reakcją nukleofilowego podstawienia przy acylowym atomie węgla [12].

Grupa acylowa jest wprowadzana do cząsteczki związku organicznego z dwóch powodów: po pierwsze w celu modyfikacji cząsteczki i otrzymania pożądanej pochodnej acylowej, po drugie zaś w celu ochrony pewnych grup chemicznych występujących w modyfikowanej cząsteczce, które to grupy mogą być podatne na działanie reagentów podczas przeprowadzania innych procesów chemicznych. Grupy funkcyjne poddawane takiej ochronie to np.: $-NH_2$.

Aby przeprowadzić proces acylacji można użyć następujących czynników:

- chlorków kwasowych

- bezwodników kwasowych

- kwasów organicznych

- estrów

- ketenu

Jeśli użyjemy bezwodników, chlorków kwasowych czy ketenu, nie wydziela się woda. Jest to korzystne, gdyż wydzielająca się woda obniża szybkość i wydajność reakcji. Reakcja acylowania jest reakcją egzotermiczną, należy więc wziąć pod uwagę konieczność odprowadzania ciepła z aparatury.

Biorąc pod uwagę atom do którego przyłączamy grupę acylową, proces acylacji można podzielić na trzy typy:

- **C-acylowanie** – jak można się domyślić, w tym typie reakcji reszta acylowa przyłączana jest do atomu węgla modyfikowanej cząsteczki. Węglowodory aromatyczne dosyć trudno ulegają temu procesowi. W zasadzie w ich przypadku można zastosować jedynie chlorki lub bezwodniki kwasowe [11]. Wymagana jest też obecność katalizatora w postaci kwasu Lewisa i środowiska bezwodnego. Ten typ reakcji nazywany jest też reakcją typu Friedela-Craftsa. W pierwszym etapie powstają jony acylinowe:

$$RCOCl + AlCl_3 \rightleftharpoons R{-}C^{+}{=}O + AlCl_4^-$$

$$RCOOH + H^+ \longrightarrow R{-}C^{+}{=}O + H_2O$$

Powstawanie jonów acylinowych pod wpływem kwasu Lewisa [12]

Jony acylinowe atakują następnie pierścień aromatyczny:

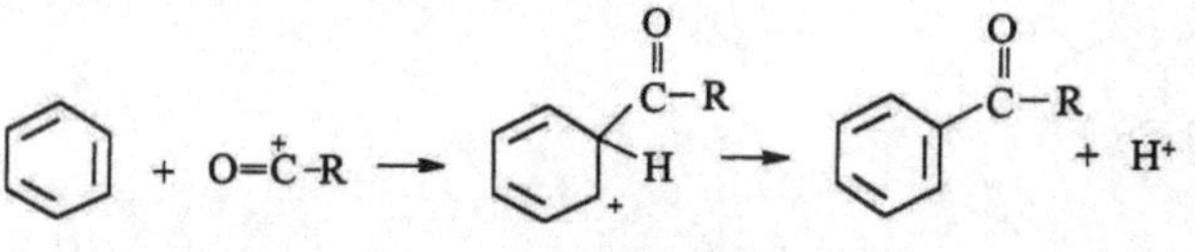

Acylowanie benzenu [12]

Katalizator może reagować z powstałym ketonem, tworząc trwały kompleks:

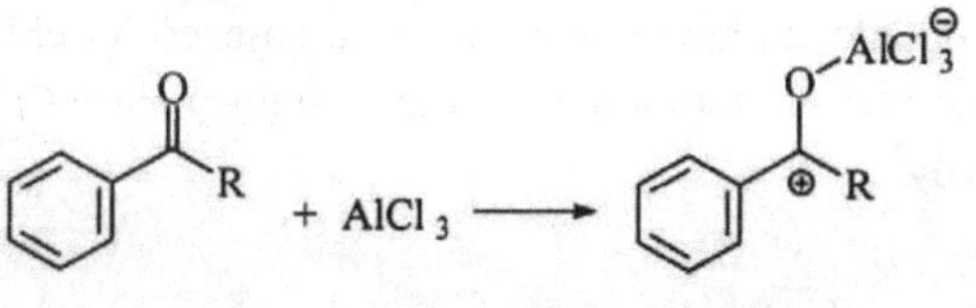

Tworzenie kompleksu między ketonem i kwasem Lewisa [11]

W związku z tym zjawiskiem wymagane są stechiometryczne ilości katalizatora.

- **N-acylowanie** – grupa acylowa przyłączana jest do atomu azotu. Ten typ acylowania jest stosowany w przypadku amin. Można zastosować do przeprowadzenia reakcji kwas organiczny. W pierwszym etapie następuje zobojętnienie i wytworzenie soli amoniowej. Następnie sól taka rozkłada się i powstaje amid:

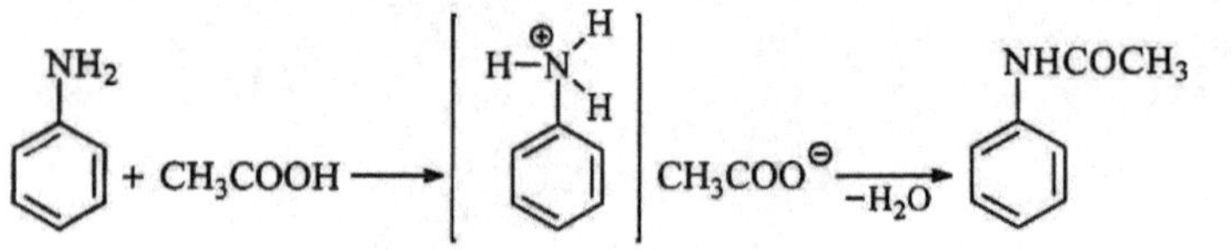

Przebieg N-acylowania [11]

Jeśli zastosujemy chlorek kwasowy, wówczas reakcja taka ma przebieg jednoetapowy:

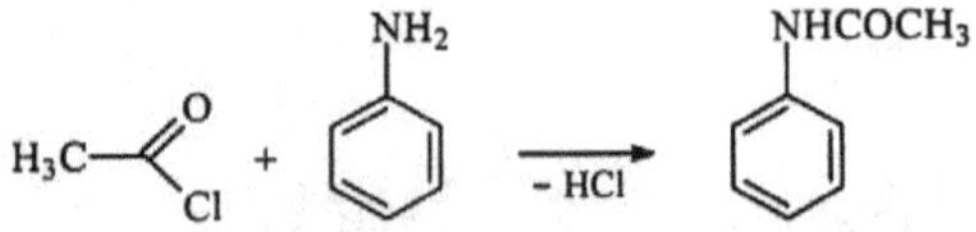

Acylowanie przy pomocy chlorku kwasowego [11]

- **O-acylowanie** – produktem tego typu reakcji są estry i zostaną omówione osobno

Związki heterocykliczne poddaje się acylowaniu stosując najczęściej chlorki kwasowe. Wymagana jest dość wysoka temperatura, a uwalniający się HCl jest wiązany za pomocą np. pirydyny:

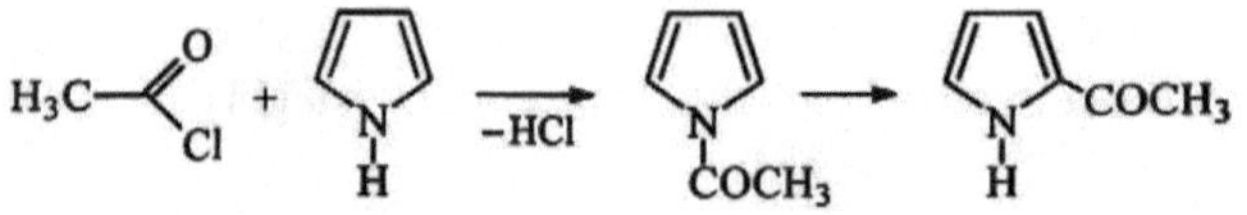

Acylowanie pirolu chlorkiem kwasu octowego [11]

5.1.1. Przykłady acylowania w produkcji leków

Jako przykład zastosowania acylowania w przemyśle farmaceutycznym można podać proces otrzymywania plazmochiny, leku przeciwmalarycznego:

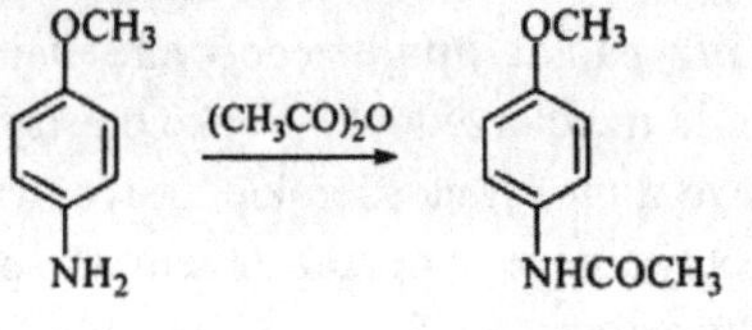

Acylowanie w procesie produkcji plazmochiny [11]

Innym przykładem może być otrzymywanie anasadolu:

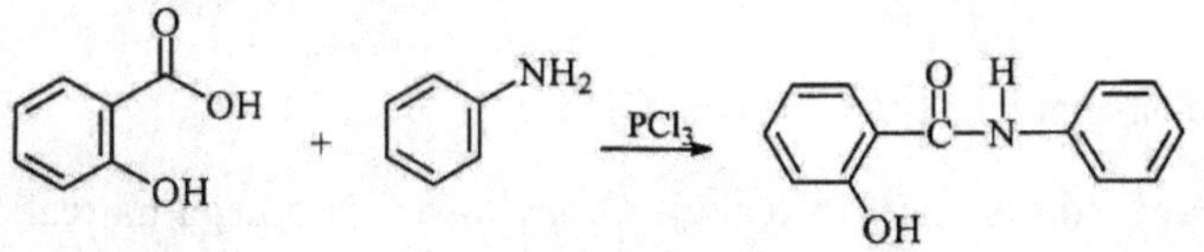

Acylowanie w procesie syntezy anasadolu [11]

Proces acylowania stosowany jest też podczas syntezy metakwalonu, gdzie reszta acetylowa jest przyłączana do grupy aminowej. Lek ten ma działanie uspokajające i nasenne:

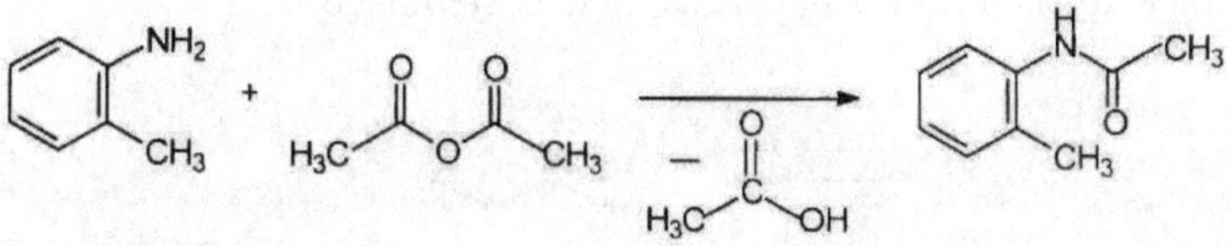

Acylowanie bezwodnikiem octowym podczas syntezy metakwalonu [13]

5.2. Estryfikacja

Estry są to pochodne alkoholi , których grupa $-OH$ została zastąpiona przez resztę kwasową pochodzącą z kwasu organicznego lub tlenowego kwasu nieorganicznego. Najłatwiej estryfikacja zachodzi w przypadku alkoholi pierwszorzędowych, trudniej w przypadku drugorzędowych, najtrudniej zaś poddają się temu procesowi alkohole trzeciorzędowe. Reakcje estryfikacji mają bardzo duże znaczenie przemysłowe z uwagi na szerokie zastosowanie estrów, począwszy od przemysłu farmaceutycznego, poprzez przemysł spożywczy, a skończywszy na przemyśle tworzyw sztucznych [12].

Estry mogą mieć różne właściwości fizyczne. Niektóre są bardzo lotne np. mrówczan etylu, inne zaś mogą być substancjami stałymi, jak woski i tłuszcze. Większość z nich bardzo słabo rozpuszcza się w wodzie. Rozpuszczają się natomiast dobrze w rozpuszczalnikach organicznych.

Można wyróżnić następujące typy estryfikacji:

- **estryfikacja bezpośrednia** – jest to reakcja O-acylowania i polega na reakcji alkoholu z kwasem. Jest reakcją odwracalną, a stan równowagi tej reakcji można zapisać:

$$K = \frac{[RCOOR'][H_2O]}{[RCOOH][R'OH]} \quad [11]$$

Ogólny przebieg estryfikacji można przedstawić następująco:

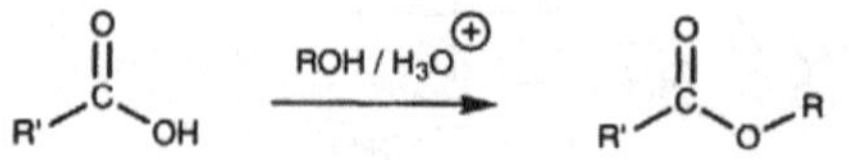

Schemat procesu estryfikacji [14]

Szybkość reakcji może zostać zwiększona przez wzrost temperatury oraz użycie katalizatora. W celu uzyskania jak największej wydajności procesu, stan równowagi reakcji przesuwa się jak najbardziej w prawo. Aby to uczynić, można zastosować nadmiar substratów. Innym sposobem jest usuwanie produktów.

Estryfikację alkoholi za pomocą kwasów przeprowadza się w obecności katalizatorów kwasowych. Działanie katalizatora polega na protonowaniu karbonylowego tlenu, dzięki czemu rośnie podatność związanego z nim atomu węgla na atak nukleofilowy. Po wytworzeniu w ten sposób karbokationu, reakcja ma następujący przebieg:

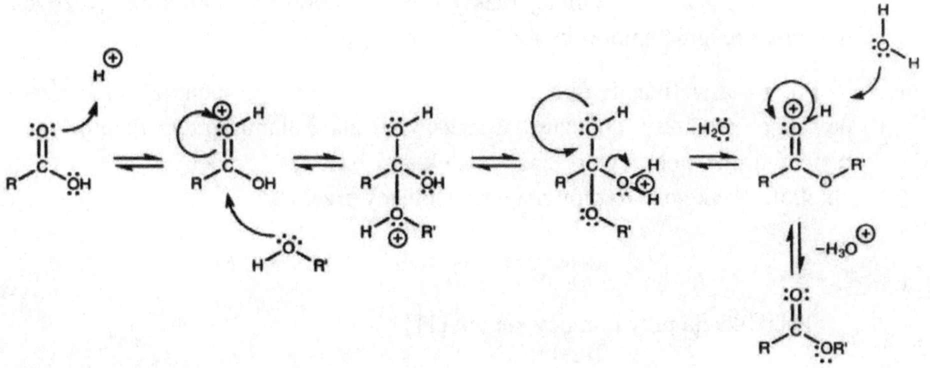

Proces estryfikacji alkoholu [14]

Podczas reakcji estryfikacji jako katalizatory stosuje się najczęściej kwasy mineralne takie jak kwas siarkowy, fosforowy czy kwas solny.

- **estryfikacja alkoholi za pomocą bezwodników, chlorków lub ketenu** – reakcje tego typu są nieodwracalne. Posiadają też stosunkowo dobrą wydajność w niskich temperaturach.

Przy pomocy bezwodników kwasowych poddaje się estryfikacji fenole i III-rzędowe alkohole. Związki te trudno estryfikują się przy zastosowaniu kwasów, więc zazwyczaj wybiera się tą metodę [11]. Reakcję estryfikacji za pomocą bezwodnika octowego przedstawić można:

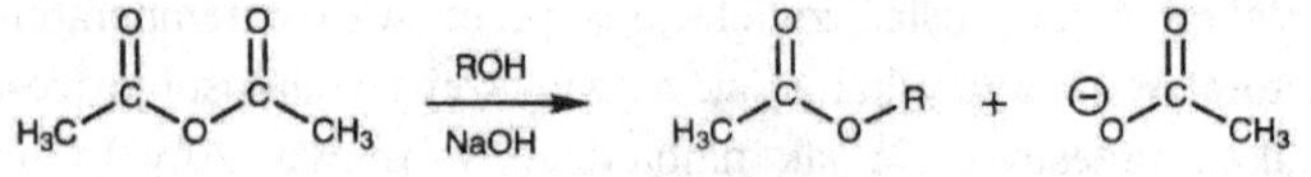

Estryfikacja bezwodnikiem octowym [14]

Estryfikację (choć w tym przypadku można też powiedzieć acylowanie) za pomocą chlorków kwasowych prowadzi się raczej na małą skalę. Podstawowym problemem w tym przypadku jest wydzielanie się chlorowodoru. Musi on być w jakiś sposób usuwany ze środowiska reakcji. Najbardziej reaktywne są chlorki kwasów alifatycznych, mniej reaktywne są chlorki kwasów aromatycznych, a najsłabiej reagują chlorki kwasów sulfonowych.

Proces estryfikacji alkoholi za pomocą ketenu posiada tą zaletę, że nie powstają produkty uboczne. Z niższymi alkoholami keten reaguje już w temperaturze pokojowej, zaś produktami reakcji są octany odpowiednich alkoholi. Reakcje tego typu mają następujący przebieg:

$$CH_2{=}C{=}O + ROH \longrightarrow CH_3COOR$$

Estryfikacja przy pomocy ketenu [11]

- **transestryfikacja** – ten typ reakcji można opisać jako wymianę estrową, która przebiega jako alkoholiza lub acydoliza. Alkoholiza jest to reakcja estru z alkoholem, w czasie której w estrze następuje wymiana grupy alkoksylowej na inną:

$$RCOOR^1 + R^2OH \rightleftharpoons RCOOR^2 + R^1OH$$

Schemat alkoholizy [11]

Reakcja taka jest odwracalna i przebiega do końca jeśli będziemy usuwać jeden z produktów z mieszaniny reakcyjnej. Zastosowanie katalizatorów o charakterze zasadowym w postaci alkoholanów metali alkalicznych przyśpiesza reakcję. Do przeprowadzenia reakcji wymagane jest całkowicie bezwodne środowisko.

Acydoliza zaś to reakcja estru z kwasem, w czasie której następuje wymiana reszt kwasowych:

$$RCOOR^1 + R^2COOH \rightleftharpoons RCOOH + R^2COOR^1$$

Schemat acydolizy [11]

Innym ciekawym przykładem estryfikacji jest produkcja estrów z soli kwasów karboksylowych i halogenków alkilowych. W ten sposób można uzyskać estry kwasów, które trudno poddają się estryfikacji bezpośredniej. Najlepiej w tym przypadku użyć soli srebrowych i jodków alkilowych. Zamiast halogenków alkilowych można użyć siarczanów. Można też działać bezpośrednio na sole nadmiarem jodku alkilowego. Jako katalizatory stosuje się aminy takie jak pirydyna, cholina:

$$RCOOMe + R^1X \longrightarrow RCOOR^1 + MeX$$

$X = Cl, Br, J$
$Me = Na, K, Ag$

Produkcja estrów z halogenków alkilowych i soli kwasów karboksylowych [11]

Kolejnym ciekawym przykładem estryfikacji jest zastosowanie do reakcji z kwasami karboksylowymi alkenów. Jako katalizator używany jest kwas siarkowy. Reakcja taka jest odwracalna i łatwiej przebiega z wyższymi alkenami. Proces może zachodzić w temperaturze pokojowej, lecz jej podniesienie przyśpiesza reakcję. Korzystne jest też podniesienie ciśnienia. Można tą metodą otrzymywać estry alkilosiarkowe:

$$RCOOH + R^1{-}CH{=}CH_2 \longrightarrow RCOO\underset{\displaystyle CH_3}{\underset{|}{C}}H{-}R^1$$

Synteza estrów z alkenów [11]

Można również zastosować diazometan, który podczas reakcji z kwasami karboksylowymi daje estry metylowe:

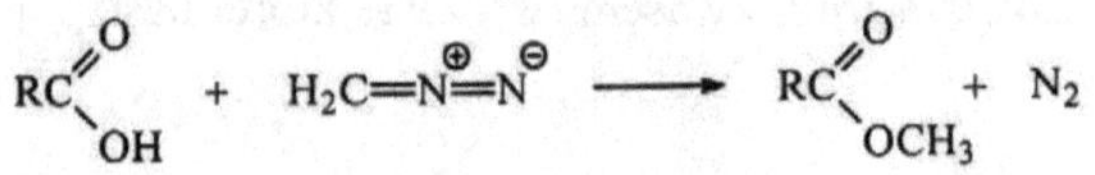

Wykorzystanie diazometanu w syntezie estrów metylowych [11]

5.2.1. Przykłady estryfikacji w produkcji leków

Jako przykład zastosowania estryfikacji w przemyśle farmaceutycznym można podać proces otrzymywania kwasu acetylosalicylowego:

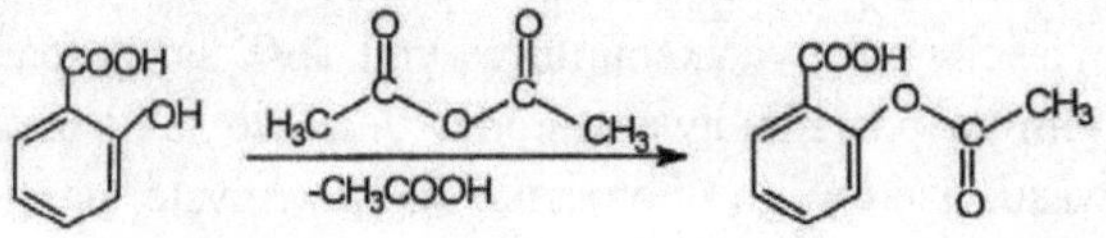

Estryfikacja podczas syntezy kwasu acetylosalicylowego [13]

Kolejny przykład to estryfikacja kwasu nikotynowego metanolem:

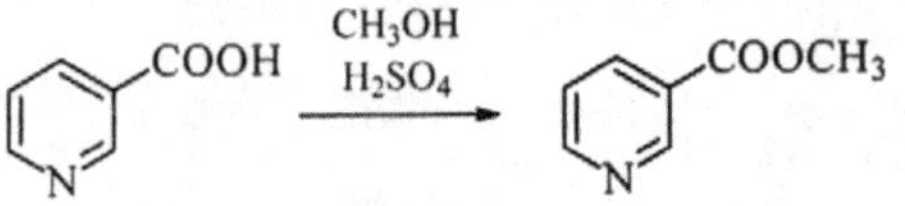

Estryfikacja kwasu nikotynowego [11]

Następnie można przytoczyć tutaj jako przykład estryfikacji proces syntezy pirazynamidu. Jest to lek o działaniu przeciwprątkowym:

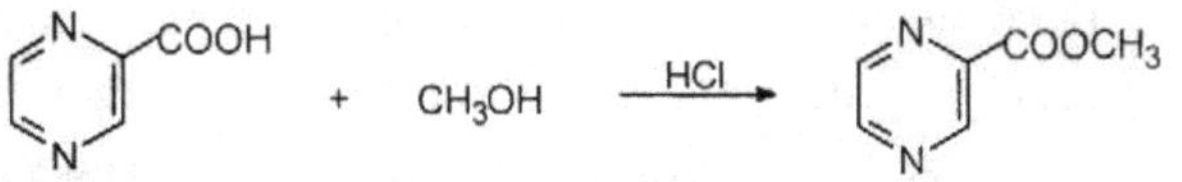

Estryfikacja podczas syntezy pirazynamidu [13]

5.3. Nitrowanie

Nitrowaniem nazywamy reakcje związków organicznych z kwasem azotowym, prowadzące do zastąpienia atomu wodoru przez grupę nitrową [12]. Jeśli grupa nitrowa połączona jest bezpośrednio z atomem węgla, wówczas mamy do czynienia z właściwymi związkami nitrowymi. Jeśli zaś grupa nitrowa jest połączona z węglem za pośrednictwem atomu tlenu, to takie związki są nazywane estrami kwasu azotowego, potocznie w przemyśle nazywanymi nitrozwiązkami (nitrogliceryna) [11].

Do nitrowania węglowodorów aromatycznych należy użyć mieszaniny nitrującej, w której skład wchodzi kwas siarkowy i kwas azotowy. Obecność kwasu siarkowego jest konieczna do wytworzenia jonów nitroniowych, które to jony są właściwym czynnikiem nitrującym:

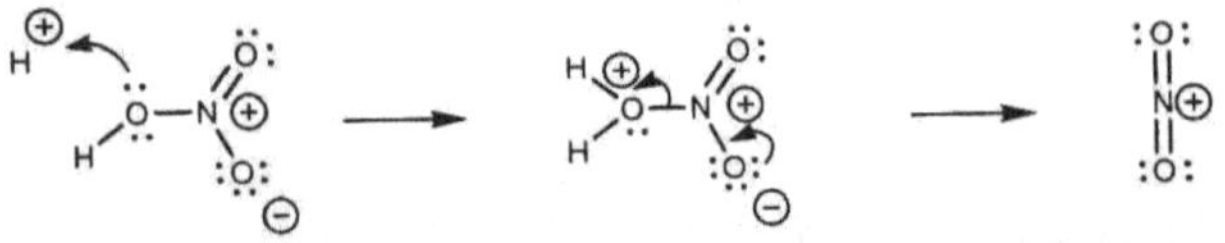

Powstawanie jonu nitroniowego [14]

Kwas azotowy nawet w obecności małej ilości wody dysocjuje na jony azotanowe, bardzo niepożądane. Dodatek kwasu siarkowego o dużym stężeniu ok. 65% zapobiega temu zjawisku. Ponadto kwas siarkowy zapobiega ubocznym reakcjom utleniania, pochłania ciepło wydzielone podczas reakcji oraz polepsza jej kinetykę, gdyż w mieszaninie nitrującej z reguły lepiej rozpuszczają się związki organiczne niż tylko w kwasie azotowym [11].

Reakcja nitrowania związków aromatycznych przebiega zgodnie z mechanizmem substytucji elektrofilowej według schematu, gdzie przykładem będzie nitrowanie benzenu:

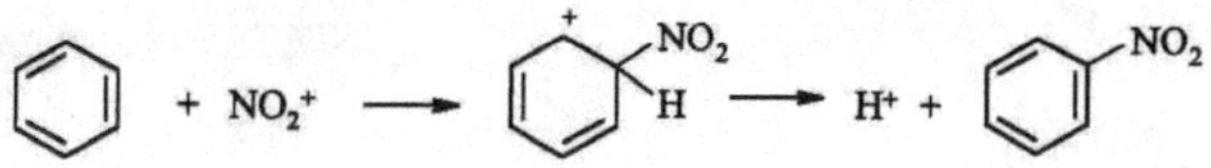

Nitrowanie benzenu [12]

Nitrowanie związków aromatycznych prowadzi się w fazie ciekłej. Reakcja jest w zasadzie nieodwracalna.

Szybkość reakcji zależy w dużej mierze od stężenia kwasu siarkowego, w mniejszym stopniu od stężenia kwasu azotowego. Dokładny skład mieszaniny nitrującej ustala się w zależności od nitrowanego związku i ilości grup nitrowych, które mają zostać wprowadzone. Wprowadzanie kilku grup nitrowych do struktury cząsteczki wymaga wyższych temperatur i bardziej stężonej mieszaniny nitrującej. Należy też wziąć pod uwagę fakt, że wiele związków nitrowych ma skłonność do rozkładu wybuchowego, stąd dobranie parametrów procesu musi gwarantować jego bezpieczeństwo. Zbyt wysoka temperatura może również powodować utlenianie produktu reakcji.

Proces nitrowania można prowadzić w sposób okresowy, półciągły lub ciągły. Podstawowy aparat stosowany w tym procesie nosi nazwę nitratora. Jest on zamkniętym, cylindrycznym reaktorem zaopatrzonym w mieszadło i system chłodzenia. Do otrzymywania związków zawierających kilka grup nitrowych w cząsteczce, stosuje się kaskadę reaktorów, a proces przebiega etapami.

Związki aromatyczne ze względu na łatwość poddawania się procesowi nitrowania można uszeregować w następujący sposób:

fenol> toluen > benzen > chlorobenzen > nitrobenzen

Fenol bardzo łatwo ulega nitrowaniu, nawet pod wpływem tylko samego kwasu azotowego. Powstające izomery orto i para można rozdzielić przez krystalizację. Na skalę przemysłową nitrofenole otrzymuje się z chlorobenzenu:

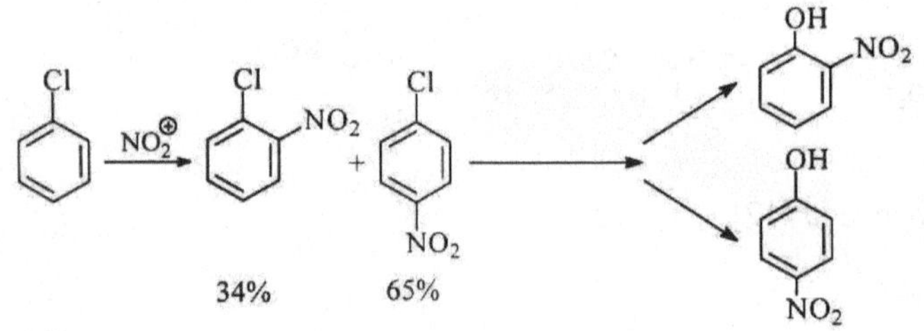

Otrzymywanie nitrofenolu z chlorobenzenu [11]

Nitrowanie alkanów przeprowadza się w zależności od użytego surowca w fazie gazowej w przypadku związków o liczbie atomów węgla od 1 do 4 oraz w fazie ciekłej dla związków o liczbie atomów węgla 5 i więcej w cząsteczce.

Nitrowanie w fazie gazowej przeprowadzamy pod lekko zwiększonym ciśnieniem. Należy zastosować 5-10-krotny nadmiar węglowodoru i ograniczyć kontakt reagentów do czasu ok. 0,2 sekundy. Zapobiega to rozkładowi powstających nitrozwiązków w wysokiej temperaturze. Reakcję zapoczątkowuje rozpad kwasu azotowego na rodniki:

$$HNO_3 \longrightarrow HO^{\bullet} + NO_2^{\bullet}$$

Rozpad kwasu azotowego na rodniki [11]

Alkohole wielowodorotlenowe ulegają nitrowaniu dając jako produkt azotany tych alkoholi. Najbardziej znanym związkiem tego typu jest nitrogliceryna, której prawidłowa nazwa powinna brzmieć: trójazotan gliceryny. Otrzymuje się ją stosując mieszaninę nitrującą w następujących proporcjach: 45% HNO_3 i 55% H_2SO_4. Reakcję przeprowadza się w temperaturze 10-20°C intensywnie chłodząc i mieszając:

Synteza trójazotanu gliceryny [12]

5.3.1. Przykłady nitrowania w produkcji leków

Jako przykład zastosowania nitrowania w przemyśle farmaceutycznym można podać proces nitrowania p-dichlorobenzenu w pierwszym etapie produkcji kliochinolu, środka antyseptycznego:

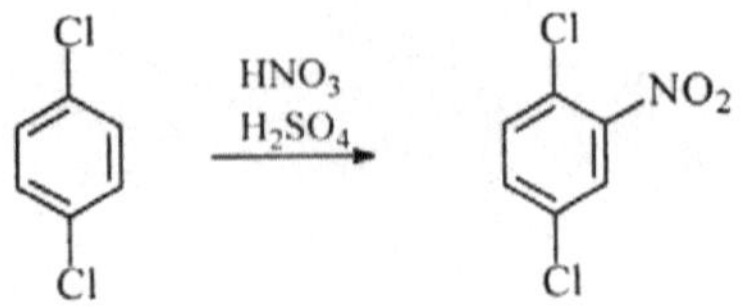

Nitrowanie p-dichlorobenzenu [11]

Innym przykładem może być nitrowanie 4-metoksyacetanilidu jako drugi etap produkcji plazmochiny:

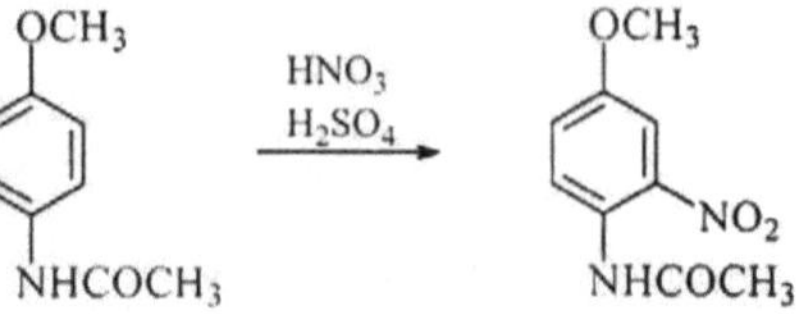

Nitrowanie 4-metoksyacetanilidu [11]

W ostatnim etapie syntezy diazotanu izosorbidu następuje przyłączenie dwóch reszt azotanowych. Substancja ta rozszerza naczynia krwionośne wskutek uwalniania tlenku azotu:

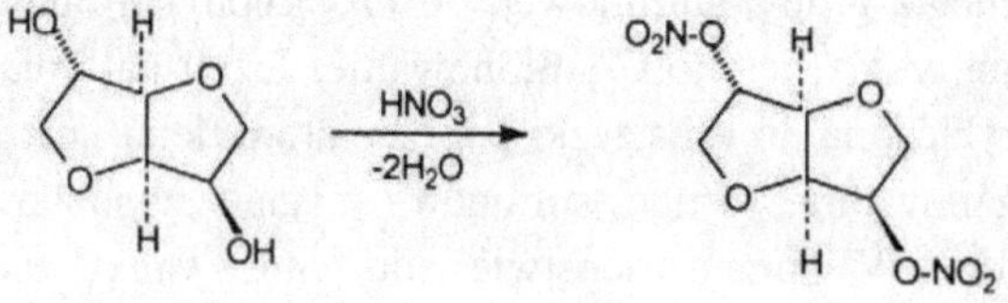

Nitrowanie w ostatnim etapie syntezy diazotanu izosorbidu [13]

Podczas syntezy niketamidu w początkowym etapie występuje nitrowanie hydroksychinoliny. Niketamid jest analeptykiem stosowanym w zapobieganiu omdleniom i przy chorobie wysokościowej:

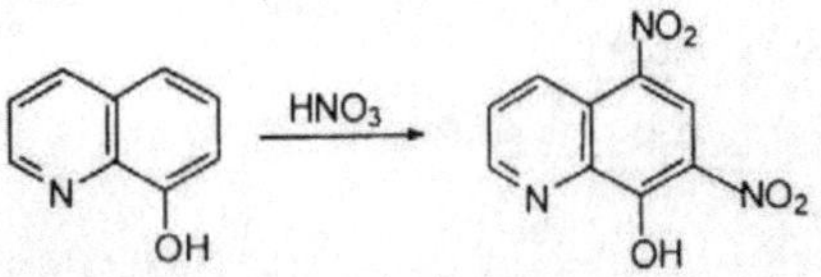

Nitrowanie podczas syntezy niketamidu [13]

5.4. Sulfonowanie

Sulfonowanie jest procesem polegającym na wprowadzeniu do struktury cząsteczki związku organicznego grupy sulfonowej. Jeżeli grupa sulfonowa zostanie przyłączona do atomu węgla, jest to C-sulfonowanie. Jeżeli natomiast grupa sulfonowa zostanie przyłączona do cząsteczki poprzez atom tlenu, jest to O-sulfonowanie czyli siarczanowanie. Grupa sulfonowa nadaje związkowi właściwości kwasowe [11]. W przeciwieństwie do nitrowania czy halogenowania, reakcja sulfonowania jest odwracalna.

Proces sulfonowania nie wymaga z reguły stosowania katalizatora. Wyjątkiem jest jedynie antrachinon. Reakcję przeprowadza się bezpośrednio we właściwym środku sulfonującym takim jak kwas siarkowy lub w rozpuszczalniku organicznym. Dodanie rozpuszczalnika ułatwia równomierny przebieg reakcji. Sulfonowanie kwasem siarkowym ma charakter substytucji elekrtofilowej, a właściwym czynnikiem sulfonującym jest SO_3:

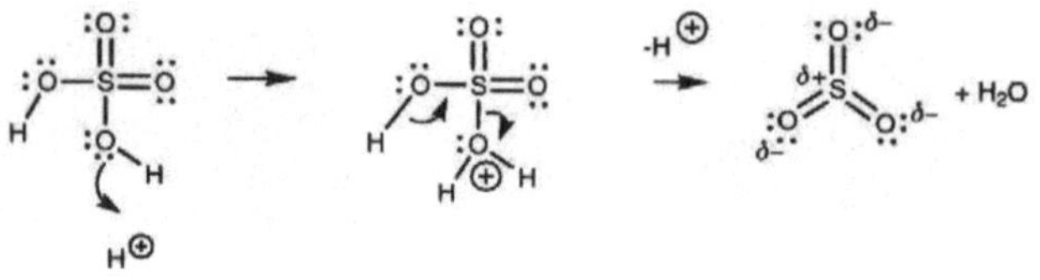

Powstawanie SO_3, właściwego czynnika sulfonującego[14]

Reakcja sulfonowania pierścienia benzenowego ma przebieg:

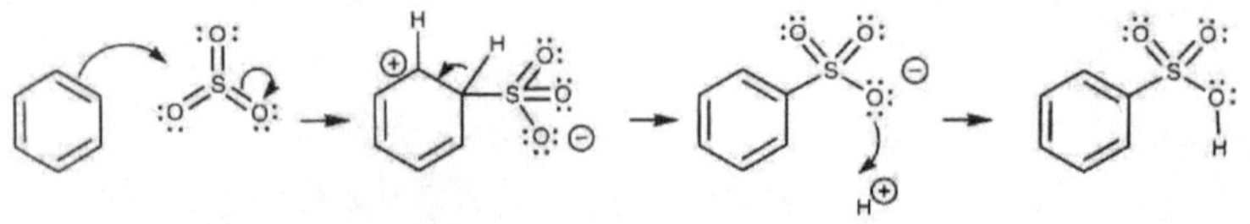

Sulfonowanie benzenu [14]

Podczas ogrzewania w wodzie aromatycznych kwasów sulfonowych może następować ich hydroliza, tak jak w przypadku kwasu benzenosulfonowego [12].

C-sulfonowaniu poddają się związki aromatyczne takie jak: benzen i jego pochodne, związki o pierścieniu skondensowanym, takie jak naftalen i ich pochodne, wyższe alkany. Produktami C-sulfonowania są kwasy alkilo i arylosulfonowe.

O-sulfonowaniu poddają się metanol, etanol, wyższe kwasy tłuszczowe, wyższe alkeny, oleje i tłuszcze pochodzące od nienasyconych kwasów tłuszczowych.

Jako czynniki sulfonujące stosowane są:

- H_2SO_4 o stężeniu 65-100%

- oleum o stężeniach odpowiednio SO_3 18-20% i H_2SO_4 60-65%

- SO_3

- kwas chlorosulfonowy $ClSO_3H$

- kompleksy SO_3 z substancjami organicznymi takimi jak pirydyna czy dioksan

Najłagodniejszym czynnikiem sulfonującym z wymienionych jest kwas siarkowy o stężeniu 60-65%, najsilniejszymi zaś są oleum i SO_3.

Najważniejszą grupą związków chemicznych poddawanych sulfonowaniu są związki aromatyczne. Grupa sulfonowa łatwo daje się również wymienić na inną grupę, stąd też pochodne sulfonowe stosowane są często jako półprodukty do dalszych syntez [11].

Podatność związków aromatycznych na sulfonowanie zależy od ich budowy chemicznej. Najłatwiej poddają się temu procesowi związki zawierające podstawniki I rodzaju, które mają właściwości aktywujące substytucję elektrofilową (np. $-NH_2$, $-OH$, grupa alkilowa). Obecność tych podstawników kieruje grupę sulfonową w położenie orto i para. Trudniej poddają się sulfonowaniu węglowodory aromatyczne nie posiadające podstawników (trudno poddaje się sulfonowaniu benzen). Najtrudniej zaś ulegają sulfonowaniu związki aromatyczne posiadające podstawniki II rodzaju, które mają właściwości dezaktywujące substytucję elektrofilową (np. $-NO_2$, $-COOH$,

$-C = O$, $-SO_3H$). Podstawniki te kierują grupę sulfonową w położenie meta [14].

Stopniowe podnoszenie temperatury reakcji przyspiesza proces, lecz po przekroczeniu pewnej granicy zaczynają powstawać niepożądane pochodne. Temperatura procesu ma również wpływ na to, gdzie zostanie przyłączona w cząsteczce grupa sulfonowa. Wyższa temperatura promuje podstawienie w pozycji para. Istnieje również możliwość przekształcenia się izomerów. W zależności od temperatury można więc otrzymać różne produkty reakcji:

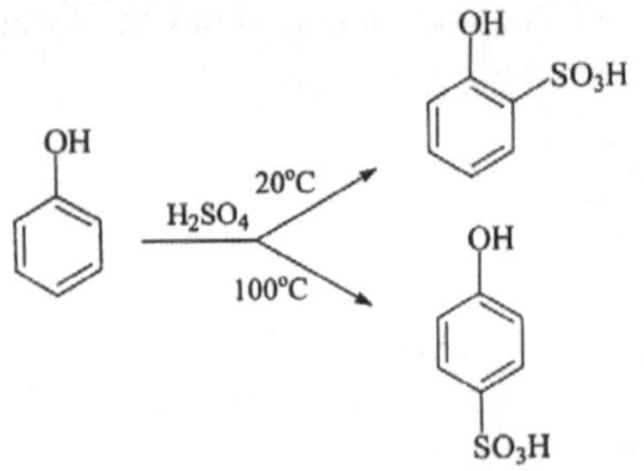

Wpływ temperatury na produkty sulfonowania benzenu [11]

Prowadząc sulfonowanie za pomocą kwasu siarkowego, jako jeden z produktów otrzymujemy wodę. Woda ta stopniowo rozcieńcza środowisko reakcji, a w wyniku tego może się zmniejszyć szybkość reakcji, aż do całkowitego zaniku poniżej stężenia granicznego SO_3.

Stosując jako czynnik sulfonujący SO_3 podczas reakcji nie wydziela się woda, co jest ewidentną korzyścią. Jest to też proces nieodwracalny. Inną korzyścią z zastosowania trójtlenku siarki jest to, że nie pozostaje nam po procesie odpadowy kwas siarkowy czy oleum. Należy jednak uważać, gdyż SO_3 jest bardzo mocnym reagentem i oprócz reakcji pożądanej może wywoływać niekorzystne zmiany. W wyższych temperaturach może powodować utlenianie substancji organicznej, a nawet w skrajnych przypadkach jej całkowite spalenie.

Inne niepożądane reakcje prowadzą do powstania kwasów wielosulfonowych czy sulfonów, jak również bezwodników kwasów sulfonowych. Trójtlenek siarki bezpośrednio może być stosowany tylko w przypadku substancji trudno poddających się sulfonowaniu. W innych przypadkach, w celu złagodzenia jego reaktywności można zastosować rozpuszczalnik organiczny czy połączenia SO_3 z pirydyną czy dioksanem:

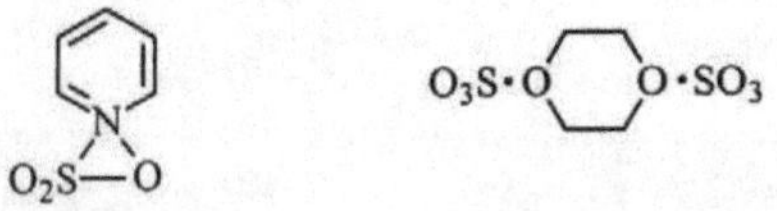

Tritlenek siarki z pirydyną i dioksanem [11]

Jako czynnik sulfonujący można zastosować kwas chlorosulfonowy. Dzięki temu, zależnie od warunków reakcji, można otrzymać aromatyczne sulfochlorki lub kwasy arylosulfonowe. Stosując stechiometryczne ilości kwasu i substancji sulfonowanej otrzymujemy kwasy sulfonowe:

$$Ar{-}H + ClSO_3H \longrightarrow Ar{-}SO_3H + HCl$$

Powstawanie kwasu sulfonowy [11]

Jeżeli zastosujemy nadmiar kwasu chlorosulfonowego, to otrzymamy sulfochlorki:

$$Ar{-}H + 2\,ClSO_3H \longrightarrow Ar{-}SO_3Cl + HCl + H_2SO_4$$

Powstawanie sulfochlorków [11]

Ze względu na koszt sulfonowanie kwasem chlorosulfonowym przeprowadza się jednak tylko wtedy, jeśli nie można zastosować kwasu siarkowego czy trójtlenku siarki.

Siarczanowanie czyli O-sulfonowanie stosuje się w przypadku alkoholi, tłuszczów i ich pochodnych. Jako czynnika sulfonującego używa się stężonego kwasu siarkowego lub gazowego trójtlenku siarki. Reakcja ma postać:

$$RCH_2OH + SO_3 \longrightarrow RCH_2OSO_3H$$

Ogólny przebieg siarczanowanie [11]

Otrzymujemy w ten sposób wiele substancji powierzchniowo czynnych. Powszechnie stosowanym np. w biologii molekularnej do degradacji błon komórkowych detergentem z tej grupy jest dodecylosiarczan sodu, czyli w skrócie SDS:

$$CH_3CH_2CH_2CH_2CH_2CH_2CH_2CH_2CH_2CH_2CH_2CH_2OSO_3Na$$

Dodecylosiarczan sodu [12]

W przypadku tłuszczy i olejów następuje addycja kwasu siarkowego do wiązań podwójnych w resztach kwasowych glicerydów:

$$-CH{=}CH- + H_2SO_4\ (\text{stęż.}) \longrightarrow -CH_2-\underset{\displaystyle OSO_3H}{\underset{|}{CH}}-$$

Addycja kwasu siarkowego do wiązania podwójnego [11]

5.4.1. Przykłady sulfonowania w produkcji leków

Jako przykłady zastosowania procesu sulfonowania w przemyśle farmaceutycznym można przytoczyć sulfonowanie 8-hydroksychinoliny w pierwszym etapie syntezy Yatrenu:

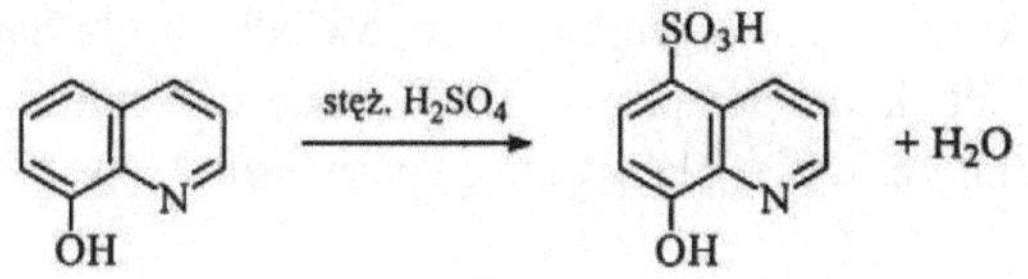

Sulfonowanie 8-hydroksychinoliny [11]

Czy chlorosulfonowanie m-chlorotoluenu w pierwszym etapie syntezy disulfamidu:

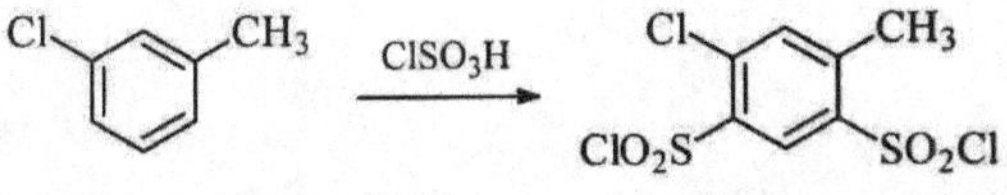

Chlorosulfonowanie m-chlorotoluenu [11]

Podczas syntezy sulfacetamidu również przeprowadza się sulfonowanie. Stosuje się tu kwas chlorosulfonowy. Lek ten należy do grupy sulfonamidów, substancji o działaniu przeciwbakteryjnym:

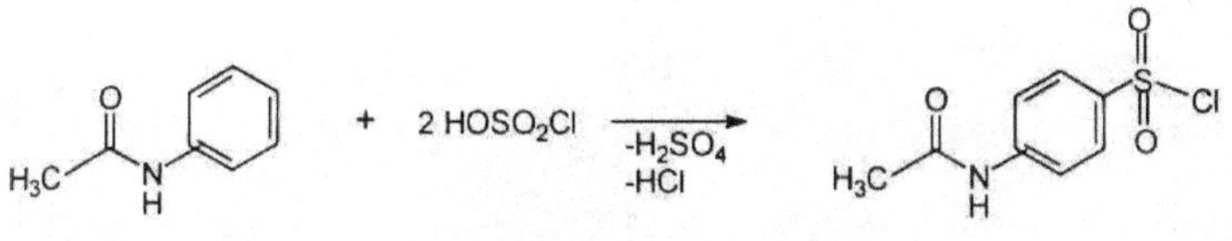

Sulfonowanie przy produkcji sulfacetamidu [13]

5.5. Kondensacja

Kondensacja jest bardzo ważnym procesem w chemii leków. Polega ona na łączeniu dwóch, czy większej ilości prostszych substancji chemicznych z wytworzeniem nowej cząsteczki o masie większej niż poszczególne substraty [10].

Procesy kondensacji mogą przebiegać bez udziału dodatkowych substratów, gdzie wystarczającym jest zetknięcie się reagentów w odpowiednich dla danej reakcji warunkach. Częściej jednak do przeprowadzenia procesu kondensacji konieczne są substancje dodatkowe, takie jak: zasady, kwasy, sole, czy różne katalizatory.

Reakcje kondensacji można podzielić na dwie główne grupy:

- kondensacje proste

- kondensacje cyklizujące

Do procesów kondensacji zaliczyć można również reakcje acylowania, estryfikacji, alkilowania czy chlorowcowania. Jednak omawiane są one w literaturze jako osobne procesy [11].

5.5.1. Kondensacja prosta

Jako pierwsza zostanie opisana kondensacja Mannicha (reakcja Mannicha). Jest to reakcja pomiędzy aldehydem, aminą i związkiem o zawierającym ugrupowanie $-CH$ lub $-NH$ np. ketonem, aldehydem czy estrem [11]. W najprostszym przypadku to jest reakcja pomiędzy aldehydem mrówkowym, aldehydem lub ketonem i dimetyloaminą. Jako katalizator reakcji konieczny jest kwas:

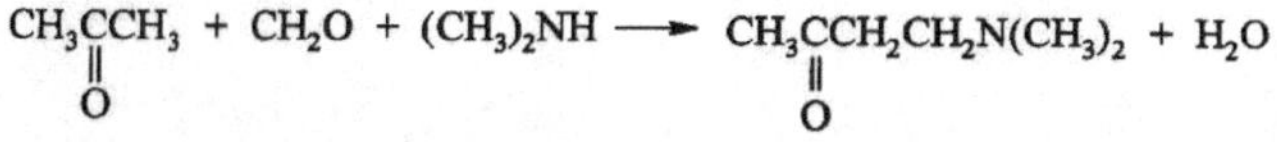

Kondensacja Mannicha w najprostszej wersji [12]

Kolejnym typem kondensacji jest kondensacja aldolowa. Jest to reakcja w wyniku której następuje połączenie cząsteczek aldehydu czy ketonu i wytwarzają się odpowiednie β-hydroksyaldehydy lub β-hydroksyketony. Nazwa tego typu reakcji pochodzi od starej nazwy β-hydroksyaldehydów, które nazywano aldolami. Ogólny schemat kondensacji aldolowej wygląda następująco. Kondensacja aldolowa na przykładzie aldehydu octowego wygląda następująco:

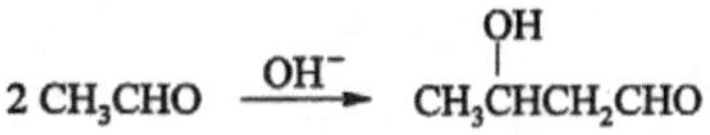

Kondensacja dwóch cząsteczek aldehydu octowego [12]

Następnym typem kondensacji ważnym przemysłowo jest kondensacja Knoevenagel'a. Polega na reakcji związków zawierających grupę karbonylową np. aldehydami ze związkami posiadającymi aktywną grupę metylenową. Powstają w wyniku tego związki nienasycone. Katalizatorami tego typu reakcji są zasady:

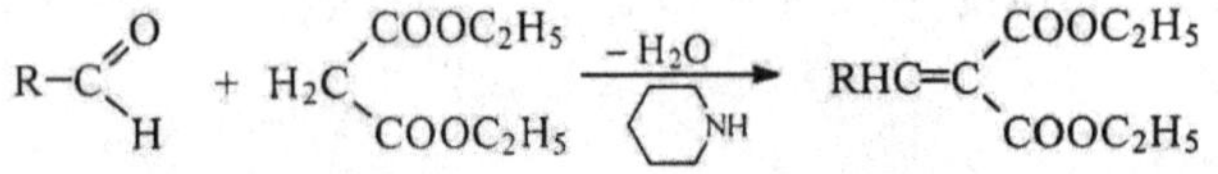

Schemat kondensacji Knoevenagel'a [11]

5.5.1.1. Przykłady kondensacji prostych w produkcji leków

Przykładem zastosowania kondensacji Mannicha w przemyśle farmaceutycznym może być synteza morinamidu:

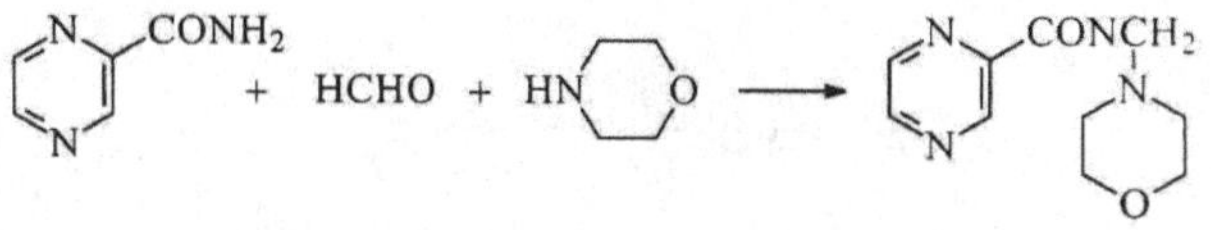

Kondensacja Mannicha podczas syntezy morinamidu [11]

Kondensacja aldolowa stosowana jest w przemyśle np. podczas syntezy tetraazotanu pentaerytrytylu. Jest to lek rozszerzający naczynia wieńcowe. Występuje tu trzykrotne przyłączenie cząsteczki aldehydu mrówkowego do cząsteczki aldehydu octowego:

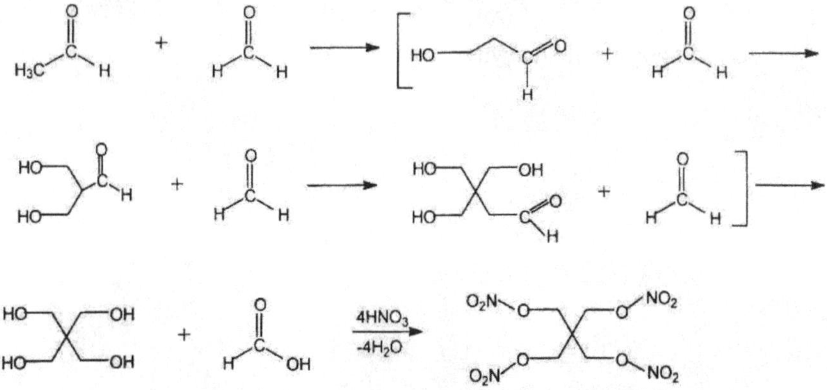

Proces syntezy tetraazotanu pentaerytrytylu [13]

Kondensacja Knoevenagel'a wykorzystywana jest podczas syntezy pochodnych 4-chinolonów. W tym przypadku przedstawiony został proces syntezy norfloksacyny, należącej do grupy fluorochinolonów. Są one stosowane powszechnie do leczenia infekcji bakteryjnych różnych części ciała, norfloksacyna zaś stosowana jest głównie w leczeniu infekcji układu moczowego:

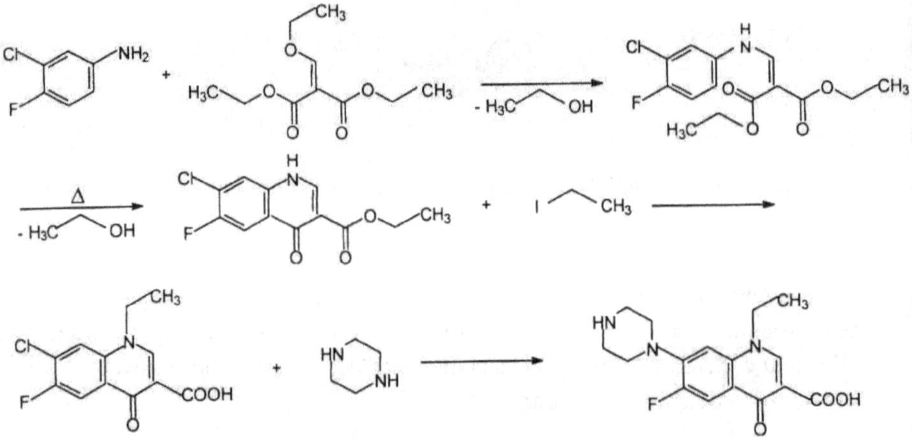

Proces syntezy norfloksacyny [13]

Ciekawym przykładem kondensacji może być synteza bisakodylu. Jest to środek o silnym i szybkim działaniu przeczyszczającym. Podczas syntezy następuje kondensacja trzech pierścieni:

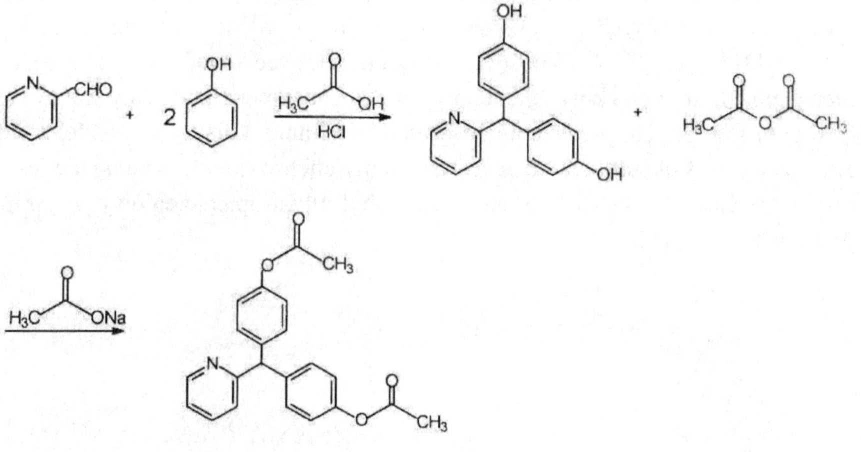

Synteza bisakodylu [13]

Synteza chlorfenezyny następuje poprzez kondensację p-chlorofenol i 1-chloro-2,3-propanodiolu. Lek ten wykazuje działanie przeciwbakteryjne i przeciwgrzybiczne:

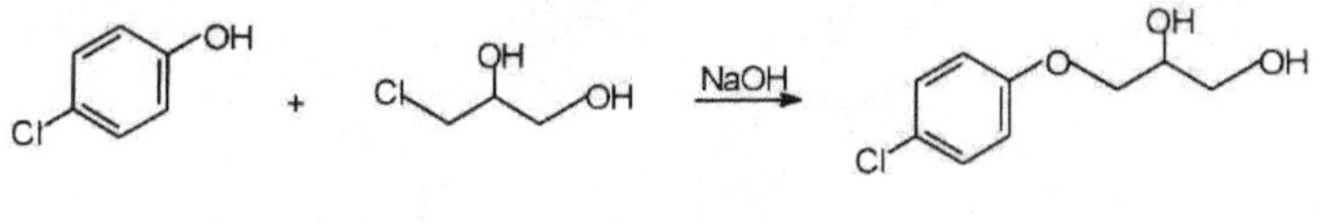

Proces syntezy chlorfenezyny [13]

5.5.2. Kondensacja cyklizująca

Kondensacje cyklizujące, jak sama nazwa wskazuje, prowadzą do powstania związków cyklicznych, a przede wszystkim służą do syntezy związków heterocyklicznych. W ten sposób można otrzymywać układy o pojedynczych pierścieniach ze związków łańcuchowych. Można również otrzymywać układy o skondensowanych pierścieniach. Dobudowywanie kolejnych pierścieni do istniejącego już układu cyklicznego nazywamy anelowaniem. Wymagane jest w tym wypadku, by jednym z substratów był układ pierścieniowy z jakimś podstawnikiem [11].

5.5.2.1. Przykłady kondensacji cyklizujących w produkcji leków

Jako pierwszy przykład kondensacji cyklizującej przytoczyć można proces otrzymywania 2-metyloimidazolu. Jest on ważnym półproduktem do syntezy wielu leków np. przeciwbakteryjnego metronidazolu, czy wielu leków przeciwgrzybicznych [9]:

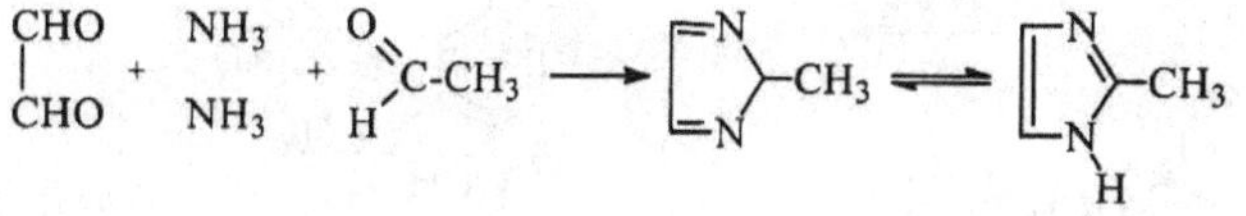

Synteza 2-metyloimidazolu [11]

Następnym przykładem może być synteza 8-hydroksyhinoliny. Jest ona również ważnym półproduktem do dalszych syntez. Wykorzystywana jest np. do produkcji kliochinolu czyli 5-chloro-7-jodo-8-hydroksychinoliny:

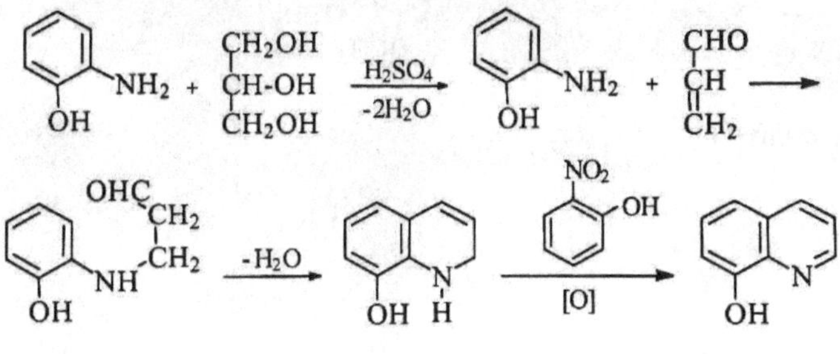

Proces syntezy 8-hydroksychinoliny [11]

Kolejnym przykładem z przemysłu farmaceutycznego mogą być dwa z etapów syntezy papaweryny. Papaweryna występuje również w opium, lecz w przeciwieństwie do morfiny, nie ma właściwości narkotycznych. Posiada właściwości silnie rozkurczające mięsnie gładkie narządów wewnętrznych. Obniża również nieznacznie ciśnienie tętnicze [4]:

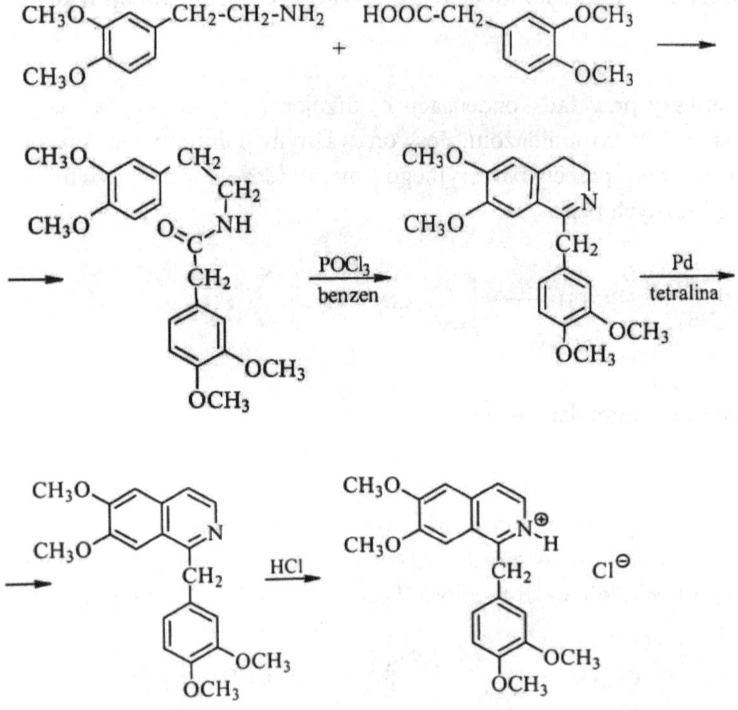

Synteza papaweryny [11]

Interesującym przykładem kondensacji cyklizującej jest też proces syntezy pemoliny, która jest lekiem pobudzającym, podobnie jak amfetamina, ośrodkowy układ nerwowy:

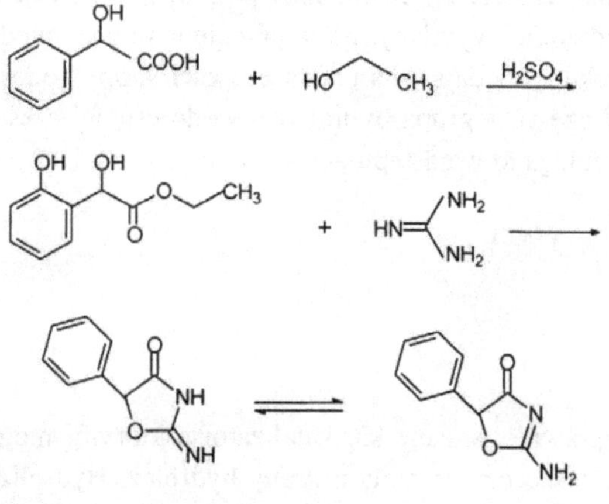

Synteza pemoliny [13]

5.6. Hydroliza

Hydroliza jest to rozpad danej cząsteczki chemicznej pod wpływem wody. Opisywana jest jako reakcja podwójnej wymiany, która przebiega między wodą i daną substancją [10]. Cząsteczka rozpada się na prostsze części, atom wodoru z wody przyłącza się do jednej części, a grupa hydroksylowa do drugiej części rozpadającej się cząsteczki. Przebiega to w następujący sposób:

$$XY + H{-}OH \longrightarrow X{-}H + Y{-}OH$$

Proces hydrolizy [11]

Aby hydroliza zachodziła sprawnie, stosuje się katalizatory, którymi mogą być: wodne roztwory kwasów, zasad czy enzymy z grupy hydrolaz. Hydrolizę kwasową stosuje się w przemyśle do przerobu różnego rodzaju produktów pochodzenia roślinnego i zwierzęcego, jak np. tłuszczów, węglowodanów. Hydroliza alkaliczna jest stosowana przy przerobie tłuszczów w trakcie produkcji mydeł i gliceryny. Hydrolizę alkaliczną trójglicerydów można przedstawić następująco:

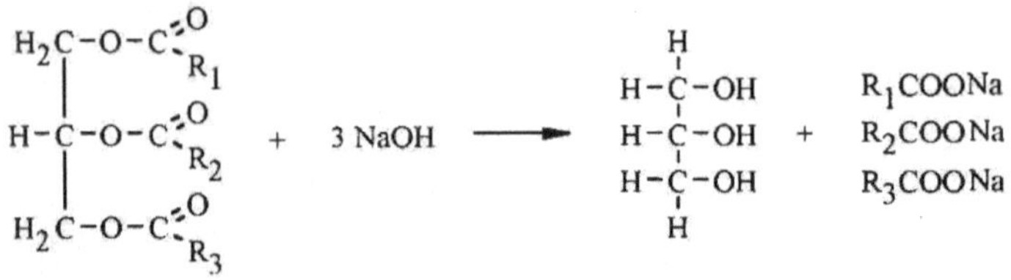

Hydroliza tłuszczów [15]

Należy też wspomnieć, że hydroliza jest jednym z podstawowych procesów metabolicznych zachodzących w organizmach żywych. W organizmach różne procesy hydrolizy katalizują enzymy z grupy hydrolaz, co jest podstawą np. trawienia pokarmów białkowych [6]. Często jednak jest to proces niepożądany, gdyż niektóre substancje np. pewne leki hydrolizują spontanicznie w roztworach wodnych, prowadząc do ich unieczynnienia. Należy w takich wypadkach zastosować środki zaradcze w postaci odpowiedniego pH, czy zastępując wodę innym rozpuszczalnikiem. Można też przechowywać leki w postaci suchej i sporządzać roztwory bezpośrednio przed ich użyciem [9].

Hydroliza alkilo i arylochlorowcopochodnych prowadzi do powstania alkoholi, ketonów, aldehydów, kwasów i fenoli. Chlorki alkilowe hydrolizują łatwo. Trudniej poddają się temu procesowi pochodne zawierające atom chlorowca przy nienasyconym wiązaniu węglowym i tutaj produktami reakcji są aldehydy i ketony. Hydroliza chlorowcopochodnych przebiega na zasadzie substytucji nukleofilowej i duży wpływ na nią ma również rzędowość atomu węgla przy którym znajduje się chlorowiec. Najłatwiej hydrolizują związki tego typu posiadające atom chlorowca przy trzeciorzędowym atomie węgla i przebiega to według schematu S_N1. Najtrudniej hydrolizują pochodne zawierające atom chlorowca przy pierwszorzędowym atomie węgla, a schemat tej reakcji to S_N2.

Bardzo łatwo zaś ulegają hydrolizie związki, w których atom chlorowca połączony jest z atomem węgla związanym z układem aromatycznym. Jest to spowodowane ułatwionym tworzeniem karbokationów.

Jeśli natomiast atom chlorowca przyłączony jest bezpośrednio do układu aromatycznego, to takie związku trudno poddają się hydrolizie. Ułatwić ją mogą w pewnym stopniu podstawniki elektronoakceptorowe.

Jedną z ważniejszych reakcji otrzymywania kwasów organicznych jest reakcja hydrolizy nitryli, która ma przebieg:

$$R{-}C{\equiv}N \xrightarrow{H_2O,\ H^+} R{-}COOH$$

Hydroliza nitryli [11]

Etery hydrolizują dość trudno. Proces ten wymaga zastosowania kwasów takich jak HCl, HBr, HI, a produktami reakcji są chlorowcoalkany i alkohole lub fenole.

5.6.1. Przykłady hydrolizy w produkcji leków

Przykładem zastosowania hydrolizy w przemyśle farmaceutycznym może być proces otrzymywania estru kwasu migdałowego z chlorowodorku iminoeteru kwasu migdałowego:

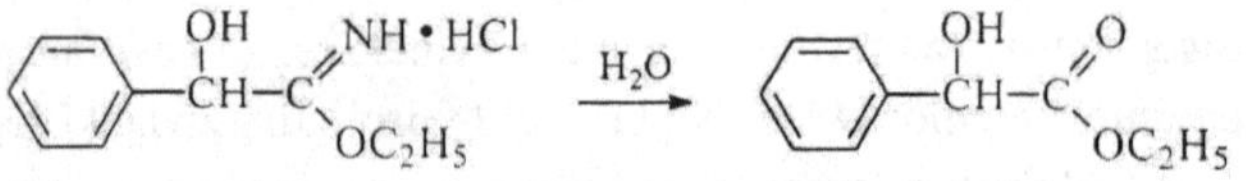

Otrzymywanie estru kwasu migdałowego [11]

5.7. Utlenianie

Utlenianie jest to proces chemiczny polegający na reakcji danego związku chemicznego z tlenem lub innego typu czynnikiem utleniającym, co skutkuje zwiększeniem stopnia utlenienia pierwiastka [10]. Procesy utleniania można podzielić na dwie podstawowe grupy:

- utlenianie zupełne zwane inaczej spalaniem, które prowadzi do całkowitego rozpadu utlenianych cząsteczek

- utlenianie niezupełne, które prowadzi do wzrostu stopnia utlenienia niektórych atomów w związku bez jego całkowitego rozpadu.

Jako czynniki utleniające stosowane są:

- tlen cząsteczkowy w postaci powietrza, wzbogaconego w tlen powietrza czy czysty tlen
- kwas azotowy i tlenki azotu
- chlor, chlorany, wapno chlorowane
- kwas siarkowy w podwyższonej temperaturze
- nadmanganian potasu, dwutlenek manganu
- dichromian sodu i potasu, bezwodnik kwasu chromowego
- nadtlenek wodoru
- ozon

Na skalę przemysłową utlenianie przeprowadza się najczęściej za pomocą tlenu czystego czy powietrza. Jako katalizatory procesu utleniania stosowane są metale, tlenki metali czy sole metali. Można tu wymienić *Cu*, *Ag*, *V*, *Mo*, *Mn*. Metale takie pod wpływem zawartego w mieszaninie reakcyjnej tlenu ulegają utlenieniu, a same następnie utleniają właściwy substrat, jednocześnie ulegając redukcji. Proces utleniania możemy prowadzić w fazie ciekłej lub gazowej [11].

Czasem do utleniania można wykorzystać mikroorganizmy, jak to się dzieje np. przy produkcji octu metodą fermentacyjną, gdzie stosujemy bakterie z rodzaju *Acetobacter* sp. Jest to najstarsza metoda produkcji octu znana już od wieków. Utleniaczem w tym procesie jest NAD czyli dinukleotyd nikotynoamidoadeninowy. Wykorzystanie mikroorganizmów w tym procesie ma tę zaletę, że jest tanie i nie wymaga skomplikowanej aparatury:

$$CH_3CH_2OH + NAD \xrightarrow[\text{etanolu}]{\text{dehydrogenaza}} CH_3CHO + NADH_2$$

$$CH_3CHO + NAD + H_2O \xrightarrow[\text{aldehydu octowego}]{\text{dehydrogenaza}} CH_3COOH + NADH_2$$

Utlenianie etanolu przez mikroorganizmy [16]

Odpowiednio dobierając warunki reakcji, można otrzymać różne produkty, tak jak w następującym przykładzie utleniania benzenu. Otrzymany produkt zależny jest tu od doboru katalizatora:

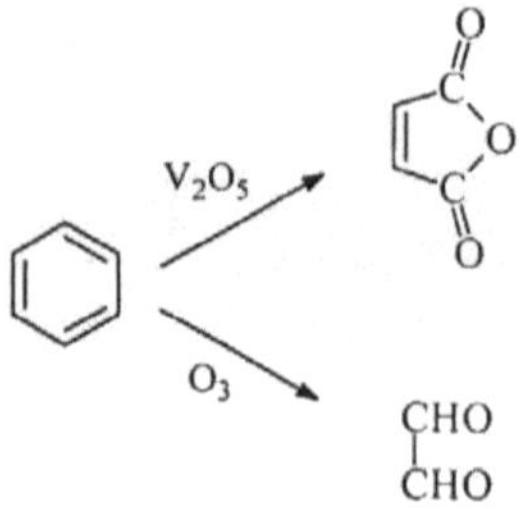

Utlenianie benzenu przy różnych katalizatorach [11]

Procesowi utleniania może towarzyszyć wprowadzenie tlenu do utlenianej cząsteczki:

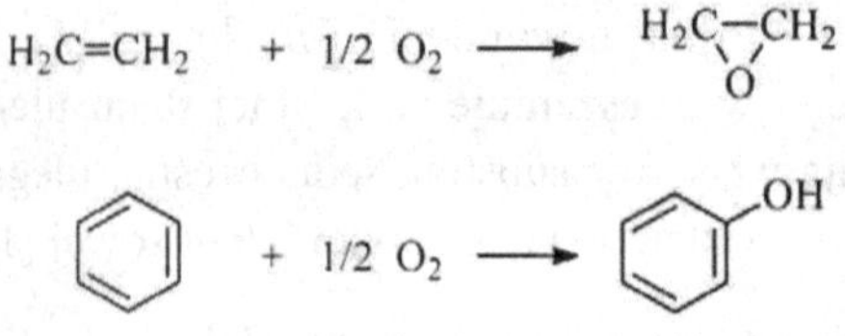

Utlenienie fenolu, etylenu [11]

W przypadku związków aromatycznych, w pierwszym rzędzie utlenia się podstawnik boczny. Pierścień aromatyczny natomiast pozostaje nienaruszony, a do jego utlenienia wymagane są dużo bardziej drastyczne warunki reakcji:

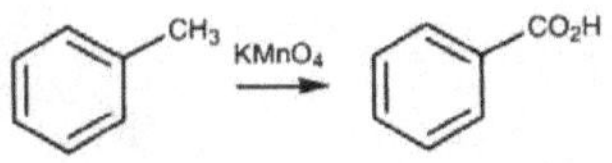

Utlenienie toluenu [14]

Procesowi utleniania poddaje się wiele różnych substancji organicznych: utlenia się alkany otrzymując ich tlenowe pochodne np. alkohole, utlenia się alkohole do aldehydów czy kwasów karboksylowych. Olefiny utlenia się do ich tlenków czy aldehydów [11].

Ketony, w przeciwieństwie do aldehydów, są dość oporne na proces utleniania. Natomiast aldehydy, jak już wspomniano wcześniej, łatwo ulegają utlenianiu i produktem tego typy reakcji są odpowiednie kwasy karboksylowe [14]. Ogólnie można to przedstawić w następujący sposób:

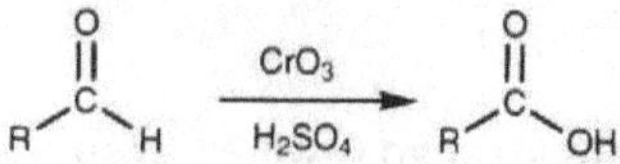

Schemat utleniania aldehydu [14]

5.7.1. Przykłady utleniania w produkcji leków

Jako przykłady procesu utleniania z przemysłu farmaceutycznego można przytoczyć proces produkcji kwasu nikotynowego, czyli witaminy PP:

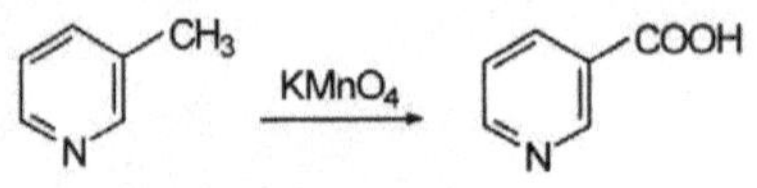

Utlenianie w syntezie kwasu nikotynowego [13]

Inny przykład zastosowania procesu utleniania w przemyśle farmaceutycznym to utlenianie grupy hydroksylowej podczas syntezy fenytoiny, leku o działaniu przeciwdrgawkowym:

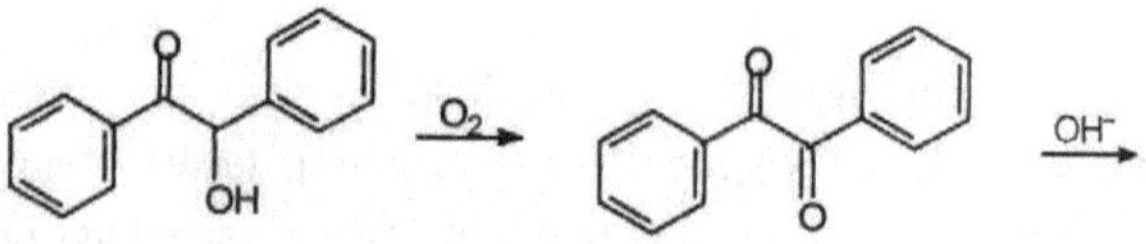

Utlenianie podczas syntezy fenytoiny [13]

Podczas produkcji izoniazydu, leku przeciwprątkowego również stosuje się proces utleniania:

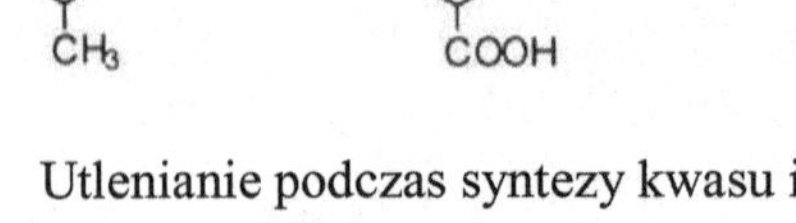

Utlenianie podczas syntezy kwasu izonikotynowego [13]

5.8. Redukcja

Jest to proces polegający na pobraniu elektronów przez atom, co z kolei skutkuje obniżeniem jego stopnia utlenienia. Równolegle substancja zwana reduktorem utlenia się i te procesy są ze sobą powiązane [10]. W chemii związków organicznych redukcja przebiega ze zmniejszeniem krotności wiązań lub z oderwaniem od cząsteczki jednego czy kilku atomów tlenu (może to być też inny heteroatom). Towarzyszy temu, choć nie zawsze wprowadzenie do cząsteczki atomów wodoru. Proces redukcji przeprowadza się z użyciem różnych substancji o właściwościach redukujących lub elektrolitycznie. Można też redukcję prowadzić za pomocą samego wodoru.

Uwodornienie polega na przyłączeniu wodoru do struktury związku redukowanego w miejsce wiązań nienasyconych. Wymagana jest obecność katalizatora i gazowego wodoru. Reakcja tego typu jest odwracalna i ma charakter egzotermiczny. Prowadzi się ją w niskiej temperaturze i pod zwiększonym ciśnieniem. Rozróżnia się w tym przypadku klasyczne uwodornienie od redukcji tym, że uwodornienie polega na wzbogaceniu cząsteczki w atomy wodoru, podczas redukcji cząsteczka może się wzbogacić w atomy wodoru lecz nie musi:

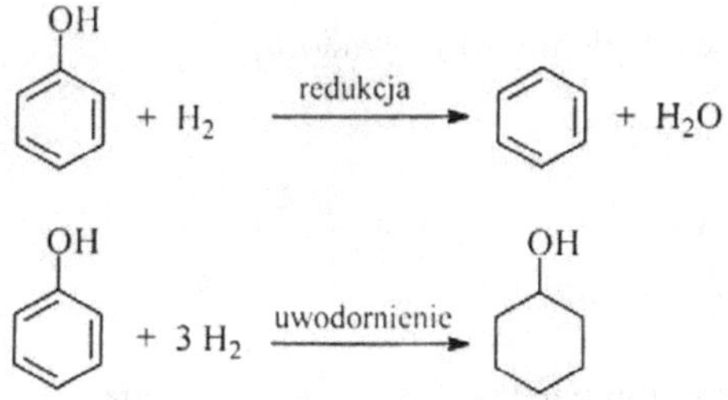

Uwodornienie i redukcja [11]

W przemyśle redukcji poddaje się wiele różnych związków organicznych. Są to np. kwasy tłuszczowe i ich estry, nitrozwiązki, związki zawierające heteroatomy. Stosunkowo odporne na redukcję są związki aromatyczne. Redukcja pierścienia benzenu do cykloheksanu wymaga podwyższonej temperatury i ciśnienia oraz użycia katalizatora niklowego. Ma ona następujący przebieg:

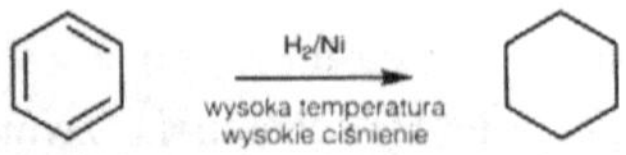

Redukcja benzenu [14]

Odporność związków aromatycznych na redukcję jest przydatna ze względu na to, że możemy redukować grupy funkcyjne przyłączone do pierścienia aromatycznego, nie redukując samego pierścienia. Redukując w ten sposób ketony aromatyczne, można otrzymać pierwszorzędowe alkilobenzeny, których to związków trudno otrzymać przez bezpośrednie alkilowanie:

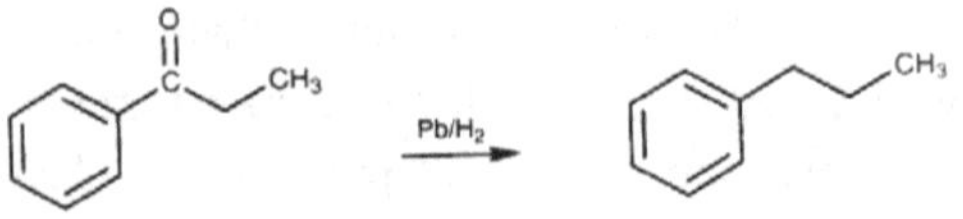

Redukcja aromatycznego ketonu [14]

Można wyróżnić trzy typy redukcji względem postaci wodoru:

- redukcja z udziałem wodoru atomowego

- redukcja z udziałem jonu wodorkowego

- redukcja w której wodór występuje w postaci protonu

Przy redukcji z udziałem wodoru atomowego stosuje się całą gamę różnych katalizatorów. Są to najczęściej metale *Ni*, *Pt*, *Pd*, *Cu*, *Co*, *Fe* lub tlenki metali takich jak *Zn*, *Cr*, *Mn*, *Mg*, *Cu*, W. Zależnie od mocy katalizatora reakcja przebiega albo do całkowitej redukcji np. aldehydu poprzez alkohol do węglowodoru (mocne katalizatory: *Ni*, *Co*, *Fe*) albo tylko do pewnego etapu np. następuje redukcja aldehydu do alkoholu (katalizatory łagodne: *Pd*, *Pt*, *Cu*, katalizatory tlenkowe). Powstający atomowy wodór ulega chemisorpcji na powierzchni katalizatora, na której reaguje z zaadsorbowaną cząsteczką związku organicznego poddawanego redukcji. Ważne jest, by powierzchnia katalizatora była odpowiednio rozwinięta, co zapewnia odpowiednio dużą wydajność procesu. Często używa się do redukcji wodoru *in statu nascendi* . Źródłem takiego wodoru powstającego w bezpośrednio w mieszaninie reakcyjnej są metale zdolne do wypierania wodoru z wody lub z kwasów.

W redukcji z udziałem jonów wodorkowych wykorzystuje się kompleksowe wodorki metali alkalicznych $LiAlH_4$ czy $NaBH_4$. Przenoszą one bardzo łatwo jon wodorkowy na grupę karbonylową [12]. Użyty rozpuszczalnik powinien mieć charakter obojętny i powinien być odwodniony (eter, dioksan). $NaBH_4$ ma tę zaletę, że redukcję można prowadzić w alkoholach lub w wodzie [11]. Za pomocą tetrahydroboranu sodu lub tetrahydroglinianu litu można, jak wcześniej wspomniano, redukować grupę karbonylową. Do redukcji aldehydów i ketonów zawierających, oprócz grupy karbonylowej, inne wrażliwe na redukcję grupy funkcyjne stosowany jest tetrahydroboran sodu ze względu na mniejszą reaktywność niż tetrahydroglinian litu [12]. Związki te wykorzystuje się np. podczas redukcji ketonu do drugorzędowego alkoholu:

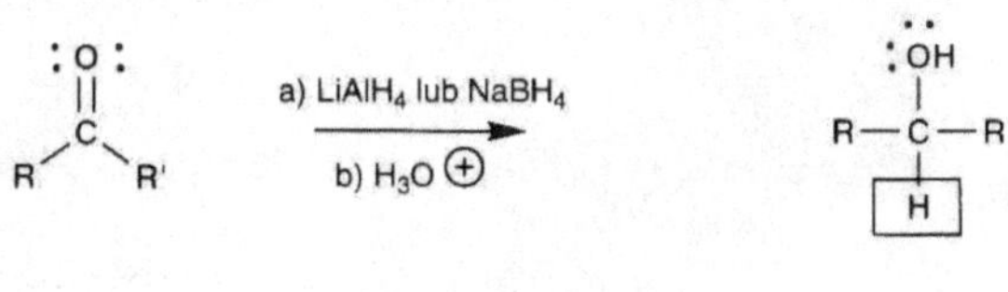

Redukcja ketonu do alkoholu [14]

Przykładem redukcji z udziałem protonu może być proces, w którym metale alkaliczne rozpuszczone w ciekłym amoniaku lub w rtęci (amalgamat) dodaje się bezpośrednio do roztworu związku redukowanego, zaś rozpuszczalnik jest donorem protonów. Rozpuszczalnikami takimi mogą być alkohole, woda czy kwasy organiczne.

Podczas redukcji elektrolitycznej pod wpływem przepływającego prądu woda w środowisku zasadowym rozkłada się na wodór i tlen. Wodór wydziela się na katodzie, a na anodzie tlen, który łączy się z anodą, dając nadtlenek. Katodą jest *Pb* z amalgamatem, anodą zaś *Pb*. Tego typu redukcję stosuje się do związków nitrowych, amidów alifatycznych i aromatycznych, związków nienasyconych.

Należałoby też wspomnieć o wodorolizie. Polega ona na rozerwaniu wiązania między węglem a innym pierwiastkiem. Pierwiastek ten jest usuwany z cząsteczki i w jego miejsce wprowadzany jest wodór:

$$Ar{-}Cl \xrightarrow{H_2} Ar{-}H + HCl$$

Schemat wodorolizy [11]

5.8.1. Przykłady redukcji w produkcji leków

Przykładem zastosowania redukcji w przemyśle farmaceutycznym może być otrzymywanie 2-(β-hydroksyetyleno)-piperydyny poprzez redukcję 2-(β-hydroksyetyleno)-pirydyny :

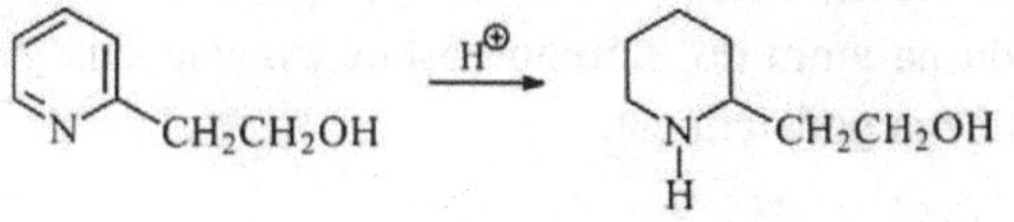

Redukcja pierścienia 2-(β-hydroksyetyleno)-pirydyny [11]

Czy otrzymywanie 1-amino-2,6-dimetylopiperydyny, gdzie następuje najpierw uwodornienie 2,6-dimetylopirydyny, a następnie redukcja grupy nitrowej:

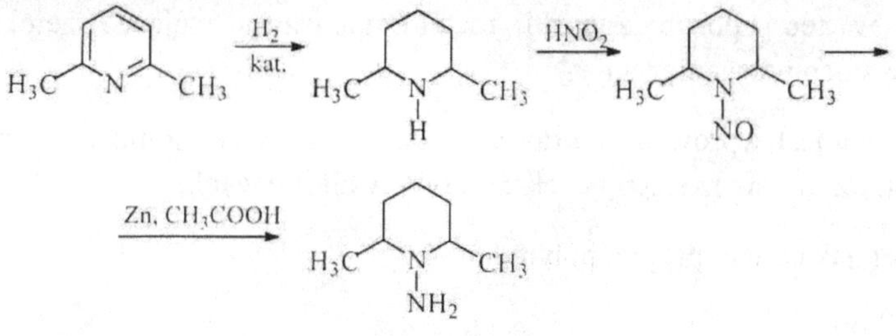

Redukcja dimetylopirydyny w obecności katalizatora [11]

5.9. Alkilowanie

Alkilowanie jest to proces polegający na wprowadzeniu grupy alkilowej do cząsteczki związku organicznego. Odbywa się to na zasadzie przyłączenia lub podstawienia [11]. W związkach aromatycznych alkilowanie przebiega, podobnie jak np. nitrowanie czy chlorowcowanie, według schematu substytucji elektrofilowej [14]. Ze względu na atom do którego zostaje przyłączona grupa alkilowa, proces alkilowania można podzielić na:

- C-alkilowanie

- N-alkilowanie

- O-alkilowanie

- S-alkilowanie

Gdzie grupa alkilowa zostaje przyłączona do kolejno: atomu węgla, atomu azotu, atomu tlenu czy atomu siarki.

Grupę alkilową łączy się też z metalami takimi jak *Mg*, *Pb*, *Al*, *Li*. Otrzymujemy w ten sposób związki metaloorganiczne, mające szerokie zastosowanie w chemii organicznej.

Grupa alkilowa jest wprowadzana do cząsteczki na miejsce atomu wodoru i do tego procesu używa się następujących czynników alkilujących:

- alkenów takich jak etylen, propylen, butylen

- niższych alkoholi

- halogenków alkilowych, takich jak chlorek butylu, chlorek amylu, również jodków czy bromków

- halogenków alkiloarylowych, jak chlorek benzylu

- tlenków alkilenowych (oksirany), takich jak tlenek propylenu, tlenek etylenu

- siarczanów alkilowych, kwasów alkilosiarkowych

- estrów kwasów arylosulfonowych

- czwartorzędowych soli amoniowych

- diazometanu

- aldehydów, ketonów [11]

Opisany dokładnie zostanie tutaj proces C-alkilowania. Jest to proces wymagający obecności katalizatora. Katalizatorami mogą być substancje będące donorami elektronów, takie jak kwasy Lewisa czy kwasy mineralne. Reakcja ta przebiega z wytworzeniem karbokationu, który atakuje cząsteczkę alkilowaną, gdzie karbokation pełni funkcję elektrofila:

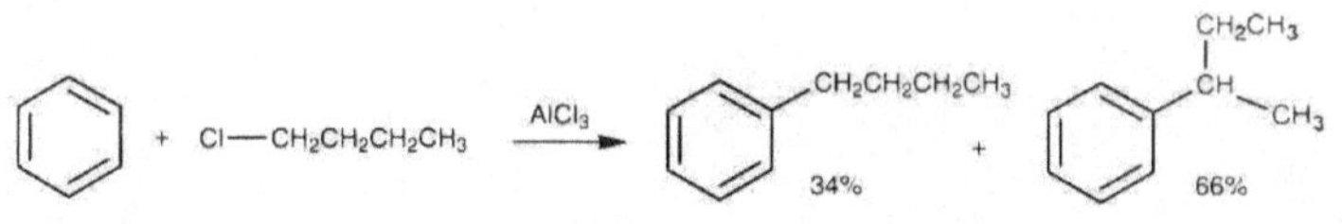

Alkilowanie benzenu [14]

Występuje tutaj jednak pewien problem. Używając pierwszorzędowego chlorku alkilu otrzymujemy dwa produkty. Pierwszorzędową pochodną zaś w mniejszości. Jest to spowodowane tym, że po wytworzeniu się pod wpływem katalizatora karbokationu pierwszorzędowego, ulega on przegrupowaniu do karbokationu drugorzędowego. Zjawisko to opisywane jest w literaturze jako przesunięcie wodorkowe. Powodem tego jest fakt, że karbokation drugorzędowy jest bardziej stabilny niż pierwszorzędowy:

Przegrupowanie wodorkowe [14]

Grupa (grupy) alkilowe przyłączone do pierścienia aromatycznego zwiększają jego reaktywność, gdyż mają charakter podstawników elektronodonorowych (podstawniki pierwszej grupy) [14]. Ma to jednak podczas prowadzenia procesu alkilowania też ujemne strony. Mogą bowiem powstawać niepożądane w danym procesie pochodne wielopodstawione.

By zapobiec takim niekorzystnym zjawiskom można zastosować środek alkilujący w niedomiarze w stosunku do stechiometrycznych ilości [11].

5.9.1. Przykłady alkilowania w produkcji leków

Przykładem alkilowania z przemysłu farmaceutycznego może być otrzymywanie N-metylo-2-β-hydroksyetylopiperydyny:

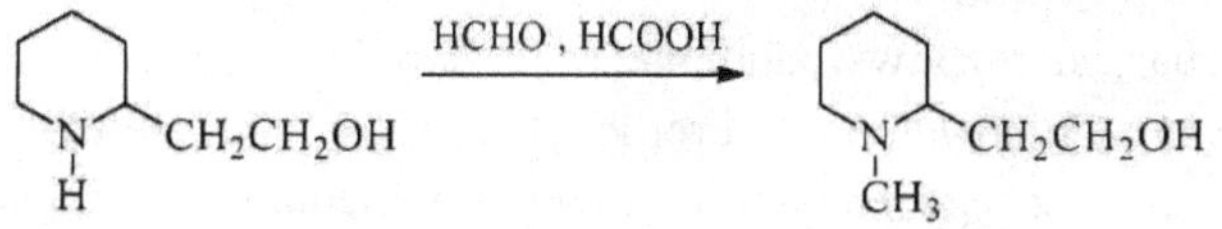

Alkilowanie 2-β-hydroksyetylopiperydyny [11]

Innym ciekawym przykładem może być reakcja w ostatnim etapie syntezy metronidazolu, gdzie czynnikiem alkilującym jest tlenek etylenu:

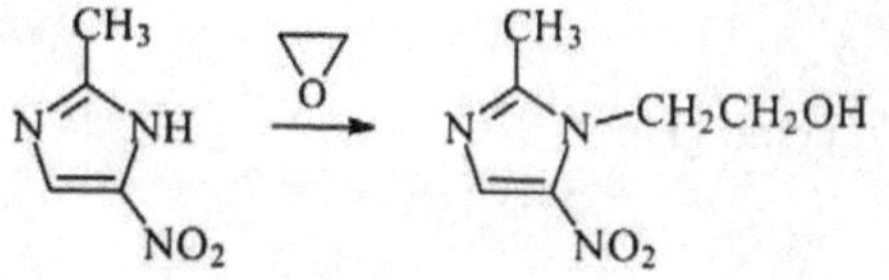

Alkilowanie tlenkiem etylenu [11]

Podczas syntezy pentyfiliny również jest stosowane alkilowanie, w tym przypadku za pomocą chlorku lub bromku alkilu. Substancja ta rozkurcza mięśnie gładkie naczyń krwionośnych:

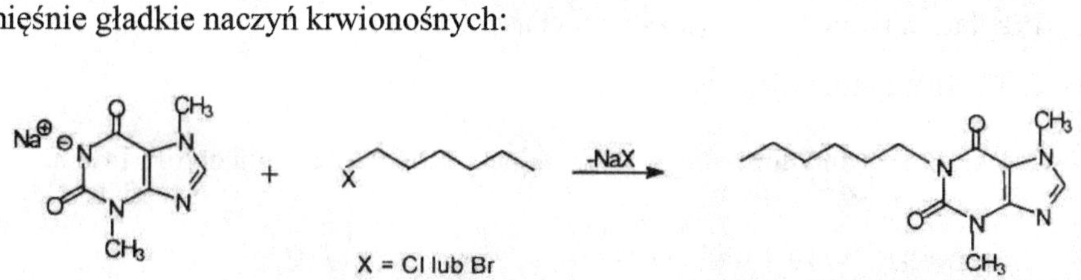

Alkilowanie chlorkiem alkilu [13]

5.10. Halogenowanie

Proces halogenowania (chlorowcowania) polega na wprowadzeniu do struktury cząsteczki związku organicznego atomu lub atomów chlorowca, czyli *F*, *Cl*, *Br* lub *J* [11].

Chlorowanie jest bardzo rozpowszechnione w przemyśle i najważniejsze z procesów halogenowania. Jodowanie czy bromowanie ma w zasadzie taki sam przebieg jak chlorowanie i z tego powodu omówiony dokładnie zostanie tylko proces chlorowcowania. Poszczególne halogenki różnią się natomiast reaktywnością. Najbardziej reaktywny jest fluor, najmniej zaś jod [12].

Chlorowcowanie może przebiegać na kilka sposobów, a mianowicie:

- poprzez podstawienie atomu wodoru lub grupy funkcyjnej atomem chloru:

$$CH_3-CH_3 + Cl_2 \xrightarrow{T} CH_3CH_2Cl + HCl$$

Przyłączenie chloru do cząsteczki etanu [11]

- poprzez addycję do wiązania nienasyconego:

$$CH_2{=}CH_2 + Br_2 \longrightarrow Br^- + \underset{\diagdown\ Br^+ \ \diagup}{CH_2-CH_2} \longrightarrow BrCH_2CH_2Br$$

Przyłączenie bromu do wiązania nienasyconego [12]

- w wyniku oksydochlorowania, czyli jednoczesnego działania chloru i tlenu:

$$H_2C{=}CH_2 + HCl + 1/2\, O_2 \xrightarrow{CuCl_2} CH_2{=}CHCl + H_2O$$

Oksydochlorowanie cząsteczki etylenu [11]

Czynniki stosowane do chlorowania są stosunkowo tanie i łatwo dostępne, a czynnikami tymi mogą być:

- gazowy chlor

- HCl oraz jego mieszaniny z tlenem

- kwas chlorowy (I) oraz jego sole np. $NaOCl$

- chlorek tionylu $SOCl_2$, chlorek sulfurylu SO_2Cl_2, chlorki fosforu PCl_3, PCl_5, $POCl_3$, fosgen $COCl_2$.

Chlorowanie na skalę przemysłową prowadzi się w różnych warunkach. Substancje gazowe chloruje się w fazie gazowej, ciekłe w fazie ciekłej. Stałe natomiast chloruje się po rozpuszczeniu lub stopieniu. Reakcje chlorowania są reakcjami egzotermicznymi. Należy tutaj uważać, gdyż zbyt wysoka temperatura może spowodować rozkład produktu reakcji. Chlorowanie w zależności od warunków może mieć przebieg wolnorodnikowy lub jonowy. W chlorowaniu wolnorodnikowym jako czynniki inicjujące powstanie wolnych rodników stosuje się wysoką temperaturę (300-500°C), bliski ultrafiolet lub nadtlenki organiczne. Przebiega to następująco:

$$Cl \cdot Cl \longrightarrow Cl^{\bullet} + Cl^{\bullet}$$

Powstawanie rodników chlorkowych [11]

Przy chlorowaniu jonowym należy użyć odpowiedniego katalizatora. Katalizatorem takim mogą być: $FeCl_3$, $AlCl_3$, $HgCl_2$, $ZnCl_2$, $CuCl_2$. Katalizatory polaryzują cząsteczki chloru:

$$Cl{-}Cl \longrightarrow \overset{\delta^+}{Cl}{-}\overset{\delta^-}{Cl}$$

Polaryzacja cząsteczki chloru [11]

Alkeny są bardziej reaktywne niż alkany ze względu na obecność podwójnego wiązania między atomami węgla do którego zwykle następuje addycja. Chlorującymi czynnikami może być gazowy chlor lub *HCl.* Jeśli użyjemy chloru, to otrzymamy co najmniej dichloropochodne. Natomiast w przypadku *HCl* możemy otrzymać monochloropochodną, a przyłączenie odbywa się tutaj według reguły Markownikowa. Podobnie rzecz się ma w przypadku *HBr*:

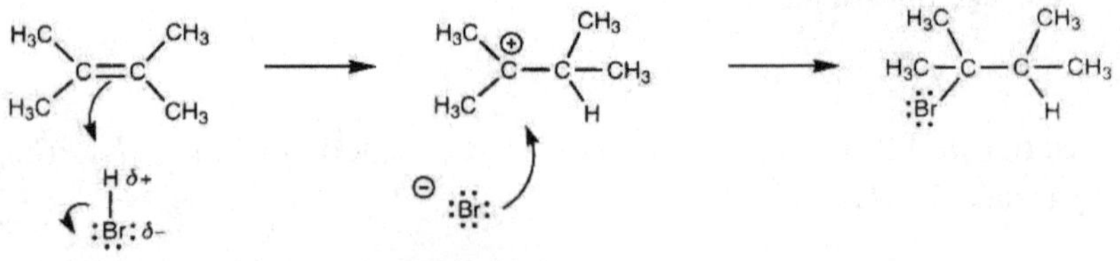

Addycja bromowodoru do alkenu [14]

Chlorowanie alkanów może mieć przebieg jonowy lub wolnorodnikowy. W zależności od warunków i czasu trwania procesu otrzymujemy mono lub wielochloroalkany. Można to zaobserwować na przykładzie chlorowania metanu [12]:

$$CH_4 + Cl_2 \longrightarrow CH_3Cl + HCl$$

$$CH_3Cl + Cl_2 \longrightarrow CH_2Cl_2 + HCl$$

$$CH_2Cl_2 + Cl_2 \longrightarrow CHCl_3 + HCl$$

$$CHCl_3 + Cl_2 \longrightarrow CCl_4 + HCl$$

Chlorowanie metanu [12]

Jeśli poddamy chlorowaniu aldehydy lub ketony, to atom chloru ulega podstawieniu w pozycji α. Reakcję tego typu przeprowadza się w środowisku kwasowym lub zasadowym i ma przebieg [11]:

$$CH_3{-}CHO + Cl_2 \xrightarrow{H^{\oplus}} ClCH_2{-}CHO + HCl$$

$$ClCH_2{-}CHO + Cl_2 \xrightarrow{H^{\oplus}} Cl_2CH{-}CHO + HCl$$

$$Cl_2CH{-}CHO + Cl_2 \xrightarrow{H^{\oplus}} Cl_3C{-}CHO + HCl$$

Chlorowanie aldehydu octowego [11]

Kwasy karboksylowe reagują z chlorem w podobny sposób, dając pochodne podstawione w pozycji α. Natomiast jeśli chcemy uzyskać chlorki acylowe, należy ogrzewać kwasy karboksylowe lub ich sole ze środkami chlorującymi takimi jak $SOCl_2$.

Ciekawym przykładem chlorowania może też być reakcja haloformowa. Ulegają jej metyloketony czy aldehyd octowy. Stosuje się nadmiar czynnika chlorującego i środowisko silnie alkaliczne. Reakcja ta ma duże znaczenie w analityce, w przemyśle chemicznym jest wykorzystywana do syntezy np. chloroformu:

Reakcja haloformowa [11]

5.10.1. Przykłady halogenowania w produkcji leków

Przykładem zastosowania chlorowcowania w przemyśle farmaceutycznym może być otrzymywanie chlorochinaldolu, substancji o właściwościach bakterio i grzybobójczych:

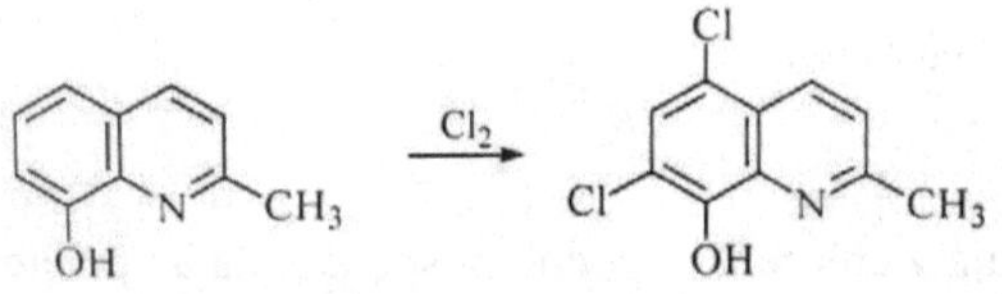

Chlorowanie podczas syntezy chlorochinaldolu [11]

Inny przykład to bromowanie kwasu salicylowego w pierwszym etapie syntezy bromosalicylochloranilidu:

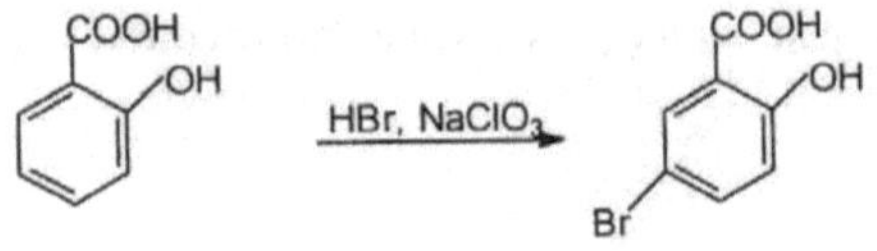

Bromowanie kwasu salicylowego [13]

Kolejnym przykładem może być jodowanie hydroksychiloliny w celu otrzymania dijodohydroksychinoliny, substancji o właściwościach antyseptycznych:

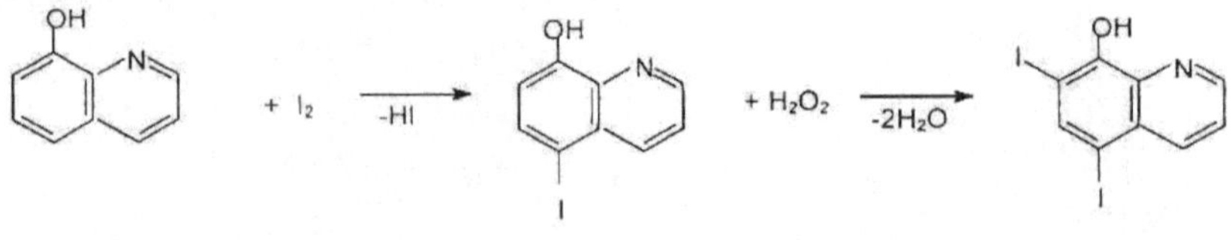

Jodowanie hydroksychinoliny [13]

Literatura:

[1] Ben Erik van Wyk, Michael Wink "Rośliny lecznicze świata", Briza Publication, 2004.

[2] Anita Magowska „Historia farmacji – kierunki poszukiwań i nowe pola badawcze", Farmaceutyczny Przegląd Naukowy 3/2008.

[3] www.nationalgeographic.com

[4] M. Zając, E. Pawełczyk, A. Jelińska „Chemia leków", Wydawnictwo Naukowe Akademii Medycznej, Poznań 2006.

[5] G. Patrick „Chemia leków – krótkie wykłady", Wydawnictwo Naukowe PWN, Warszawa 2004.

[6] B.D. Hames, N.M. Hooper "Biochemia – krótkie wykłady", Wydawnictwo Naukowe PWN, Warszawa 2007, wydanie II.

[7] P.C. Turner, A.G. McLennan, A.D. Bates, M.R.H. White "Biologia molekularna – krótkie wykłady", Wydawnictwo Naukowe PWN, Warszawa 2007, wydanie II.

[8] Richard B. Silverman „Chemia organiczna w projektowaniu leków", Wydawnictwo Naukowo Techniczne, Warszawa 2004.

[9] Harold P. Lambert, Francis W. O'Grady "Antybiotyki I chemioterapia", Wydawnictwo Medyczne, Warszawa 1994.

[10] www.pl.wilkipedia.org

[11] Praca zbiorowa pod redakcją Katarzyny Kieć-Kononowicz „Wybrane zagadnienia z metod poszukiwania i otrzymywania środków leczniczych", Wydawnictwo Uniwersytetu Jagielońskiego, Kraków 2000, wydanie I.

[12] Przemysław Mastalerz „Chemia organiczna", Wydawnictwo Chemiczne, Wrocław 2000, wydanie I.

[13] Praca zbiorowa pod redakcją Henryka Marony „Synteza środków leczniczych", Wydawnictwo Uniwersytetu Jagiellońskiego, Kraków 2002, wydanie piąte.

[14] G. Patrick „Chemia organiczna – krótkie wykłady”, Wydawnictwo Naukowe PWN, Warszawa 2005.

[15] E. Gurgul, B. Herman „Skrypt do ćwiczeń z biochemii”, Wydawnictwo WSP, Częstochowa 1994.

[16] Władysław J.H. Kunicki-Goldfinger „Życie bakterii”, Wydawnictwo Naukowe PWN, Warszawa 2006.